U0155735

空 间 简 史

STORIA DEL DOVE

[意]
托马斯·马卡卡罗
（Tommaso Maccacaro）

[意]
克劳迪奥·M. 达达里
（Claudio M.Tartari）
著

尹松苑
译

江苏凤凰科学技术出版社 · 南京

© 2015 Bollati Boringhieri editore, Torino

The simplified Chinese translation rights arranged through Rightol Media

(本书中文简体版权经由锐拓传媒取得 Email:copyright@rightol.com)

江苏省版权局著作权合同登记 图字：10-2023-336 号

图书在版编目（CIP）数据

空间简史 /（意）托马斯·马卡卡罗,（意）克劳迪奥·M. 达达里著；尹松苑译 . — 南京：江苏凤凰科学技术出版社 , 2023.12（2024.9 重印）

ISBN 978-7-5713-3813-8

Ⅰ . ①空… Ⅱ . ①托… ②克… ③尹… Ⅲ . ①空间天文学 – 普及读物 Ⅳ . ① P17–49

中国国家版本馆 CIP 数据核字 (2023) 第 195675 号

空间简史

著　　　者	［意］托马斯·马卡卡罗（Tommaso Maccacaro）	
	［意］克劳迪奥·M. 达达里（Claudio M.Tartari）	
译　　　者	尹松苑	
责 任 编 辑	谷建亚　　沙玲玲　　杨嘉庚	
责 任 校 对	仲　敏	
责 任 监 制	刘文洋	
出 版 发 行	江苏凤凰科学技术出版社	
出版社地址	南京市湖南路 1 号 A 楼，邮编：210009	
出版社网址	http://www.pspress.cn	
印　　　刷	南京新世纪联盟印务有限公司	
开　　　本	700 mm×1 000 mm 1/32	
印　　　张	6.25	
字　　　数	200 000	
插　　　页	4	
版　　　次	2023 年 12 月第 1 版	
印　　　次	2024 年 9 月第 2 次印刷	
标 准 书 号	ISBN 978-7-5713-3813-8	
定　　　价	49.80 元（精）	

图书如有印装质量问题，可随时向我社印务部调换。

STORIA DEL DOVE

序

古罗马哲学家圣奥古斯丁对时间的思考，为我们揭示了一个有趣的悖论：对于某些抽象的概念，比如时间和空间，人们可能很容易直观地感知它，但真正地理解和描述它则要复杂得多。

空间是什么？空间里有什么？空间有多大？从史前时期到现代，人类对空间的理解经历了从简单到复杂的演变。史前的原始探索，古代的基础认识，中世纪的理论探索，直至近现代的科学革命和宇宙观念的重塑，这场漫长、崎岖又无比精彩的探险之旅，正是这本书中所要呈现的。

史前时期，人类对空间的认识局限在肉眼可见的范围。随着人类逐渐意识到天空与陆地的紧密联系，他们开始对自己活动的空间和遥远的陆地与天空形成最初的意识。

古人带着对未知的渴望和勇气，航行于广袤的大海，逐渐揭示了地球的真实面貌。伴随着对地球本身的不断探测，对于星空的探测也在不断深入，人类对空间的认识从一个较为狭隘的范围逐步拓展到宇宙广阔之地。从古人对陆地的直观探索，到海洋探险家的冒险，再到天文学家对星空的探索，我们的知识边界一直在不断推进。

从古代至中世纪，地理学和天文学逐渐发展成专门的学科。至哥白尼时代，人们开始勾勒出地球之外的空间。从中世纪末期到16世纪，航海家准确绘制地图，天文学家深入认识天空，人们对空间的认知取得了巨大进步。

1609年天文望远镜的发明是一个里程碑，人类观测宇宙的视野一下子打开了，天文学不再依赖想象，其观测和研究进入了全新的时期。17—19世纪，霍罗克斯和惠更斯测量了日地距离，贝塞尔测定了恒星周年视差，日心说也被广泛接受……天文学的进步使得人类对空间的认知范围不断扩大，对宇宙的理解也在不断深化。

但就像此书所说，关于时间的理解一直充满哲学性，而对于空间的认知，尤其在现代科学技术突飞猛进之前，多是依赖于我们的直观感受，受限于欧几里得几何学。到了20世纪初期，天文学和物理学都取得了巨大进步，现代天文学也逐渐建立起来。人们发现宇宙非常宏大，银河系外还有数以亿计的星系。现在，甚至有人提出了宇宙并非唯一、宇宙之外还有其他宇宙的假设。

序

知识边界的推进在近几个世纪尤为明显，随着科技的发展，人类对宇宙的认识呈现爆炸性增长。但是，随着我们对宇宙理解的深入，我们也逐渐意识到了自己的无知。就像书中所提到的，我们对已知真理的理解与对未知真理的渴望之间存在着一种数学上的分数关系。这也提醒我们，无论我们已经学到了多少，总有更多的真理等待着我们去探索和发现。

这本书不仅是一部关于空间的探索史，更展现了人类对未知永不停息的好奇与追寻。它带领我们穿越时间，深入历史的每一个角落，重新审视我们对于宇宙的认知。无论你是科学迷还是历史文化爱好者，相信此书都能够为你打开一个全新的世界。是为序。

苟利军

2023 年 11 月 5 日

于北京

目 录
CONTENTS

1 ……………… **导语**

9 ……………… **第一章**
史前时期

19 ……………… **第二章**
原始时期

31 ……………… **第三章**
古代

53 ……………… **第四章**
中世纪早期

75 ……………… **第五章**
中世纪中期

第六章 ·············· 91
从中世纪晚期到哥白尼时代

第七章 ·············· 109
从"家门口"到不远处的世界

第八章 ·············· 131
浩瀚的星空和广袤的宇宙

第九章 ·············· 151
千，万，亿

第十章 ·············· 167
从一到无限

第十一章 ·············· 181
未来的畅想

致谢 ·············· 190

导　语

穷尽你所能到达之地，观你所未观，闻你所未闻，而后定会有所感获。

——约翰内斯·舍弗勒

人类总相信对宇宙的探索已经穷尽，然而无论在哪个时代，人类总能证明自己错了。

——艾萨克·阿西莫夫

关于时间，古罗马的圣奥古斯丁①有一句广为人知的论断：只要你不问起，我便知晓；你若问起，我便不知晓。关于空间，在历史上，尤其是在爱因斯坦提出时空上的广义相对论，以及普朗克②将人们引入按比例计算的量子化世界之前，人类的思索还远远没有达到这样的深度。那时人们对空间的概念仅停留在肉眼可见的维度。受欧几里得几何学③的限制，人们认为：空间存在于每个人的骨骼中，是固有的；空间可以通过感官被即刻感知，比如手的抓握和人体的运动，

---

① 圣奥古斯丁（354—430）：罗马帝国时期的思想家、神学家、哲学家，欧洲中世纪基督教神学、教父哲学的重要代表人物。

② 普朗克（1858—1947）：德国物理学家，量子力学的创始人之一，因发现能量量子化而对物理学做出了重要贡献，并在1918年获得诺贝尔物理学奖。

③ 欧几里得几何学：简称欧氏几何，古希腊数学家欧几里得建立的角和空间中距离之间联系的法则，与之相对的是非欧几何。

以及视觉的穿透力，等等。数万年来，我们的祖先穿梭于不同形态的地理环境：他们翻山过海，开阔视野；他们仰望天空，尽管当时的天空对他们来说还遥不可及。但他们已经逐渐意识到，天空和人类赖以生存的陆地有着密不可分的联系。

这本书的写成，旨在帮助读者还原人类感知周围环境的思维发展路径，并对空间（也就是我们说的"世界"）的量度形成一种深刻的认识。世界一遍又一遍地向我们系统地展示自己超乎想象的宏大，它总是比我们之前所认知的更为高远。对空间的探索过程，就像在参观一所大房子时所经历的那样：你偶然发现了隐藏在挂毯下的大门，而一旦大门被打开，一间不为人知的崭新的侧室便映入眼帘；之后沿着楼梯，你还会发现同样不为人知的空间；最后，你来到一扇窗前，想都不敢想的一幕发生了，你将会看到房子周围楼宇林立，而之前，从来没有人知道它们的存在；如此等等。

人类对世界边界的探索经历了成千上万年。早期的人类迁徙跋涉，足迹遍布全球，却从来不标记路线，不清楚自己从哪里来、到哪里去。不论哪一代人，地球的空间都不仅仅局限于他们当时所活动的区域。大多数情况下，人们沿着同样的航线，走着同样的道路，去发掘同样的土地，而后便将路线遗忘。人们对于距离和地形的思考、空间的感知可以追溯到至少 1 万年前。无知的远古人类生活在蓝天下却不知其为何物，但后来他们慢慢地、断断续续地开始对自己活动的空间以及遥远的陆地或者天空形成了最初的意识。这就有了以探索空间为目的的探险：人们或在陆地上观察游历，或去观测天空的变化。后来，这种探索演变成了专门的学科，对陆地的探索称为"地理学"，对天空的探索则称为"天文学"。科学的理论，甚至是定理和科学体系，就这样从人类的幻想中诞生了。

直到中世纪末期，葡萄牙人才开始把船驶向大西洋，但他们所掌握的阿拉伯地图却指明了一条向东驶向印度以及地中海东部沿海诸国的线路。汇集在君士坦丁堡的地理知识于15世纪传入托斯卡纳①，被托斯卡纳的数学家们广泛吸收。尽管他们忽略了古希腊学者埃拉托色尼②用近似方法算出的地球半径，但还是绘出了指导船只向西航行的平面地图。

而后环大西洋贸易兴起，世界变得焕然一新。到了16世纪，不论是经济、科学，还是技术，都处在蓬勃发展的黄金时期。这段时间里，欧洲人对空间的认知也取得了巨大的进步。航海者通过实践，一步步绘制出更加准确的地图；通过天文学家的努力，人们对天空的认知也更加深入。紧接着在17世纪，1639—1659年的20年间，日地距离的测量值几乎增大了1倍，从霍罗克斯③测量的1.4万个地球半径到

---

① 托斯卡纳：意大利中部的一个行政区。

② 埃拉托色尼（约前276—前194）：古希腊数学家、地理学家、历史学家、诗人、天文学家，测量地球周长的第一人。

③ 霍罗克斯（1618—1641）：英国天文学家，他不仅精确预报并观测了金星凌日，还改进了月球运动理论。

惠更斯①测量的 2.4 万个地球半径，而后者已经十分接近准确值。

　　恒星距离测量起来要更困难一些。日心说被广泛接受后，人们便相信恒星的视差②是可观测的，但是恒星离我们究竟有多远呢？这个问题要等到 19 世纪才能获得解答，19 世纪精准的天文学仪器已经可以测量出 1 角秒③以内的视差。这促使贝塞尔④成功测定了天鹅座 61 的周年视差⑤——约 0.3 角秒，这也是世界上最早测定的恒星周年视差。与此同时，从 18 世纪后期至 20 世纪早期，天王星、海王星和冥王星被相继发现，太阳系的范围也因此得以扩展。20 世纪早期，人们发现宇宙并非仅由银河系构成，我们观测到的许多星云其实是一些与银河系相似的星系，距离我们数百万光年之遥。在短短数年

---

① 惠更斯（1629—1695）：荷兰数学家、天文学家、物理学家，1655 年因用改进的望远镜发现土卫六而闻名于世。他提出了单摆周期公式、向心加速度的概念与公式，创立了光的波动学说，是近代自然科学的一位重要开拓者。

② 视差：观测者在 2 个位置观察到同一天体的方向之差，通过视差可以测定恒星距离。

③ 角秒：又称弧秒，是量度角度的单位，1 度等于 60 角分，1 角分等于 60 角秒。

④ 贝塞尔（1784—1846）：德国天文学家、数学家，天体测量学的奠基人之一。他提出的贝塞尔函数为解决物理学和天文学的相关问题提供了重要工具。

⑤ 周年视差：地球上的观测者通过相隔半年的 2 次观测获得的所观测恒星的视差。

时间里，人们便意识到，宇宙的组成并不局限于银河系以及其中的上千亿颗恒星，而是存在数以亿计的未知星系，其中许多星系都囊括了数百亿颗甚至更多的恒星。随着世界边界的不断扩展，人们还慢慢摒弃了宇宙静止不变的观点。几十年后，甚至有人提出了宇宙并非唯一的假设。人类对世界边界的探索初期进展缓慢，偶尔也有重大的发现，后来速度渐渐加快，但探索是永无止境的。

书中前面部分的叙述时间跨度比较大，从史前时期一直到近代，尽力还原古人在探索世界时直观的思路和在思索时遇到的局限，这种局限不仅是工具上的，更多的是理想化思维所带来的。古人的思维之所以趋于理想化，有时是因为掌权者的控制，有时则是出于对"真理"的恐惧。直布罗陀海峡的海格力斯之柱上刻有"切勿穿越"的警示语，当时被探险者视作不可逾越的地标。而在16世纪，人们驶过直布罗陀海峡，从而打破了这项禁忌，探索到更为广阔的世界。

之后，随着现代天文学的诞生和科学技术的发展，对世界边界的探索速度逐渐加快，这部分的时间跨度比较小。最近几个世纪以来，不管是对宇宙的认识，还是用于观测的工具，都在不断革新。尤其是在过去的100年里，天文学的发展举世瞩目，人们一次又一次被层出不穷的新发现所震撼。为了适应这个时代庞大的信息量，我们必须选取一种有别于传统的时间顺序的叙述方式。

随着我们进入当代，关于宇宙的认识发展得更为迅猛，人们渐渐发现了一个悖论。飞速增长的究竟是什么呢？是关于宇宙的认识还是关于自身无知的认识？那些已知存在却尚未被理解的真理似乎比我们已经理解的真理还要多得多。这种关系可以被想象成数学上的分数，即我们已经理解的真理和已知存在却尚未被理解的真理之比。我们对世界的边界和组成的探索固然带来了分子（已经理解的真理）的增长，却使分母（已知存在却尚未被理解的真理）在更大程度上得到了增长，它们之间的比值也因此越来越小。我们要意识到"越思考，越无知"的道理，像实证主义科学家们那样，抛弃主观上的猜想，不断地寻求真理。这就是知识的悖论①。

---

① 人的知识就像一个圆，圆内是已知，圆外是未知。你知道得越多，圆就会越大，同时接触到的未知也会越多。

第一章
Part 1

史前时期

康德①提出了"纯直观"的概念，认为空间只是人类的感性意识，这种思想一直困扰着19世纪的学者。与此同时，自然科学家们开始涉猎原本只属于哲学家的研究领域，并取得了巨大的成果。一些伦理主义者长久以来所讨论的问题，比如人类的行为、善恶的推动力、良心，也都慢慢成为颅相学者和神经解剖学者的研究课题。

20世纪初，德国神经学家科比尼安·布罗德曼成功绘出了大脑皮质的功能分区图。他的后继者，特别是奥地利神经学家康斯坦丁·冯·埃科诺莫，着手将人脑与其他高级动物的大脑以及古生物学中所津津乐道的头骨化石作对比，试图对大脑中特定的行为和感知区域做出种系发生学②归纳。直至今天，我们都无法完全从整体上理解大脑的全部功能，但科学家们相信可以通过一些巧妙的方式实现各部分功能的替

① 康德（1724—1804）：德国哲学家、作家，德国古典哲学创始人，其学说深深影响了近代西方哲学。

② 种系发生学：也被称作系统发生，是指在地球历史演化过程中生物种系的发生和发展。

换，正如意大利当代神经学家皮耶罗·弗朗西斯·费拉里和斯特凡诺·罗兹所说："巧妙的方式往往隐藏在一些不起眼的角落，我们在探索事物在空间中的定位时总能不经意地发现它们。"①

这些科学家研究了数百万年前猿人的大脑分区，研究对象主要是一件猿人头骨模型。在坦桑尼亚，我们发现了这名猿人和其幼崽在 360 万年前留下的脚印，研究显示，他们已经可以直立行走，身体各部分在运动时可以协调配合。

这种猿人既没有像鼠一样的嗅觉，也没有像猛禽和猫科动物一样的视觉，更不具备像候鸟和游鱼一样随地磁场的变化而迁徙的能力，因此能幸存的后代少之又少。由于缺少食物和逃跑路线，他们无法在生存空间内自由活动，只能发挥自身直立行走的优势，寻找活下去的办法。事实上，在此之前，直立行走只是在演化中偶然实现的，并没有特定的作用。他们开始将视线投向远方，双臂向两侧张开，身体笔直地站立。我们再次引用意大利帕尔马的两位神经学家费拉里和罗兹的话作为总结："尽管人类对空间的认知是单一和片面的，我们的大脑还是会对空间的概念同时做出多维度的判断，将外部的空间同我们的身体联系起来。因此我们身体的维度其实是感知的起点，也是构建身体空间的起点。"

---

① 这句话出自《精神病学实验杂志》(*Rivista Sperimentale di Freniatria*) 2012 年第 1 期。——原书注

换句话说：猿人开始将视线投向远方，形成一条由近及远的轴；双臂向两侧张开，形成一条左右延伸的轴；身体笔直地站立，形成一条由上到下的轴。此时我们便可以确定，他们已经具备了一项强大的意识，那就是将世界划分为可相互作用的 3 个维度的意识。这种意识为感知现实世界提供了规律。这样，他们便知道如何优先取得食物，如何在遇到危险时向安全区域逃跑。

但是，生存竞争依然十分激烈。这些猿人在活动的数十万年间，并不具备与其他物种在同一区域共处的意识。他们演化出了用高级手段配合协作从而占领更多可用空间的能力，保证生存空间不仅充足，而且安全。这一时期的猿人叫作"能人"①。只有掌握对空间的控制权，才能不用抛弃家园逃跑，才能不成为猎物。

但是这些空间在哪儿呢？显然，当时的人们还没有从大脑中抽离出"在哪儿"的概念。

为了理解并非"此处"、而是"别处"的概念，需要一些清晰的地标，这些地标与人的基本生活需求相关联，因此不会被遗忘，比如水源、水产丰富的池塘、布满果实的树丛、可以遮风挡雨的山洞等。这些基本的参照物，即可以被识别、被命名、被描述并且被保留的地点，就构成了最原始的地图。

---

① 能人（*Homo habilis*）：生存在距今 250 万 ~ 160 万年前，人科人属中的一个种，是介于南方古猿和直立人之间的类型。能人化石最早是1960 年在坦桑尼亚奥杜瓦伊峡谷第一层中发现的。

经过一步步的开拓，生存空间开始慢慢扩大，一些可用作参照的信息，以十分偶然和杂乱的方式被收集起来，使得计划之下的人类迁徙成为可能，人类终于不用逃跑了。

　　人类早期的成群迁徙可能只是随意而为，又或许是对其他物种的模仿，但这些迁徙大多都失败了。而那些逐步开拓周围领地并尝试绘制概念地图的族群，则更有可能在迁徙中存活下来。在这些寻找新栖息地的活动中，很重要的一点就是拓宽观察视野，即攀登高地，凝视更为广阔的天空。幽深的山谷、清晰的水道，还有古老的河流在悬崖间形成的沟壑，都可能是容易移动的路线，但是若想辨别方向，还是需要置身高处。早期非洲古人类的迁徙之路似乎符合以上的地理特征。当然，一代又一代的迁徙之路充满了诸多变数，比如，气候变化、地震、水文的改变，这既为人类迁徙提供了多种可能，也造成了迁徙中的重重阻碍。

　　当人类渐渐登上山顶和高地、可以向低处俯瞰的时候，旧石器时代晚期的智人①开始了对另一重空间的探索，这一重空间也和前面提到的 3 个维度之一有关。如果说地面上的景象表现出的是多变性和不确定性，那么天上的景象所呈现的就是持续性、周期性和可参照性。在了解天空和地面的过程中，所使用的观测方法是截然不同的。人类栖息地的自然条

---

① 智人（*Homo sapiens*）：人属下的唯一现存物种，形态特征比直立人更为进步，分为早期智人（又称古老型智人）和晚期智人（又称现代人、解剖学上的现代人）。

件千变万化、危险重重，而天空看起来却十分安全。生活在撒哈拉的阿特拉斯山脉和澳大利亚中央山脉的居民可能是最早清晰观察星体运动的人类，尽管这两群居民相距遥远，但他们所处的气候条件和纬度情况等却极为相似。而许多其他地区的居民，比如生活在低地的族群，却较少有机会仰望清澈明朗的天空。

人们观察天空，并对获得的信息加以推测，比如：满月时方便狩猎和迁徙；一天内太阳散发的热量会随时间发生变化；身处阳光直射后背而不是身前的位置时，最易于潜伏狩猎……这种仅以收集信息、方便生活为目的的观察还不能被称为天文观测。然而，星辰的起落却为我们提供了可以确定所处准确位置的恒量，也就是"在哪儿"的概念，进而又演化出了定位的概念，即人在特定区域内活动的方向意识，关于某一恒久不变的参照物为我们提供位置信息的意识。

在叙利亚境内的山地中，我们发现了旧石器时代晚期的卡巴拉文化和纳吐夫文化的墓葬，它们还没有显示出任何方向性。天体的运动在那时还未与不存在的事物联系起来，也未与"天堂"的精神表征建立关联。随着末次冰期消退，气候不再寒冷干燥，比利牛斯山脉①上出现了阿齐尔文化，这里出土了数量众多的扁平碗，其上均雕刻有类似星空地图的装

————————————

① 比利牛斯山脉：位于欧洲西南部，东起于地中海，西止于大西洋，分隔欧洲大陆与伊比利亚半岛，是法国与西班牙的天然国界。

饰画。距今 1.2 万～1.1 万年前的地中海沿岸墓葬，已经可以归于新石器时代早期，那时，土葬已经有了严格的方向规定，死者的头部通常朝向太阳升起的东方。当时，早期的农耕定居文化兴起了：农民通过观察星星的移动、月球的周期性变化以及太阳的亮度来安排作物的种植。人类在地面上的生存空间就这样与天体所在的空间联系起来了。墓葬中严格的方向规定其实是早期人类观察天体的一种理想化标志，也是持续千年的祭天仪式的雏形。正如我们所知，当时的人类已经能将感知到的空间进行概念化处理。

从大约 8 000 年前开始，在亚洲的太平洋小岛、西伯利亚和乌拉尔，以及欧洲和地中海，都相继出现了耸立的巨石阵。这类建造活动的持续时间超过 5 000 年，其间巨石阵演化出了不同的功能和意义。但古人类学家们认为，巨石阵的存在，主要是为了在天和地之间建立一份象征性的联系，也就是人类活动的空间与永恒空间的联系。永恒空间对当时的人类来说尚不可知、不可控，却为人类提供了必不可少的生存条件，如光、热量、雨等。

对同时期其他人工制品的观察也表明，人类祭天的意识已经十分普遍，这些祭拜甚至有了仪式化的倾向。阿杰尔高原和阿莱格里亚的涂鸦、犹他州的岩画、新石器时代末期的瓦尔卡莫尼卡岩画，都对太阳有着清晰的表现，这说明当时的人们对祭拜太阳十分重视，毕竟太阳是最清晰、最易感知的天体。自公元前 4000 年以来，从北欧至埃及都不乏祭拜太阳的记载，当时的人们也尝试测量太阳的运动。原始的巨石阵逐渐发展演化，形成了方尖碑①以及遍布不列颠群岛和地中海岛屿的环形巨石建筑。

人类对天体的观察和祭拜并不仅限于太阳。在 5 000 年前的美索不达米亚，人们已经通过观察月球的周期变化总结出了相当精确的历法。根据月球的大小和形状来确定时间，这在现在看来依然是非常符合逻辑的。

更加可喜的是人们对金星的观察。金星在迦勒底语中被叫作伊什塔尔，它是生活在美索不达米亚平原上的人们最为崇拜的星体。在清晨或傍晚远远望去，金星就像宝石一般明亮，它和人类有什么实际关联呢？它既不像太阳掌控着四季，也不像月球影响着潮汐，但它在天空中的突出表现，使其久而久之也变成了人类崇拜的对象。从青铜时代到现在，金星一直以女神的形象出现，"晨星"（清晨出现的星体，指金星）也就有了女神祭礼的含义。

在史前时期的几千年中（让我们将自己置身于地中海文明），智者们不断深入探索，对空间的了解也不断增多，渐渐地，这部分掌握智慧的人开始有了特权。对星辰的祭礼在这一特权阶级的推动下变得程式化，祭礼超越了单纯的祭拜，演化为一种宗教，智者就这样变成了祭司，而他们所掌握的

---

① 方尖碑：古埃及崇拜太阳的纪念碑，为狭长的石质四面柱体，是除金字塔外古埃及文明最富有特色的象征。

知识则变成了教义。这一过程的出现绝非偶然，它促成了特定历史阶段中君主制的诞生，在土地肥沃的中亚如此，在地中海地区亦然。

如果说天空是神的居所，那么对天空议题的讨论研究就意味着"对神的冒犯"。因此，在史前时期，对"空间"的探索是有所为、有所不为的。

第二章

Part 2

原始时期

　　根据《吠陀经》[①]（*Veda*）中的记载，在公元前5000年的古印度盆地，曾出现过3名原始神，他们分别是执掌雷电的因陀罗、执掌太阳的苏里亚和执掌天空的伐楼那。此后的上千年里，错综复杂的神话传说交织在一起，直到公元前2400年，才形成了一种比较普遍的说法：3名原始神在空间上各有分级，较高处是雷电，太阳比雷电更高，最高的则是天空。像早期闪米特文化[②]一样，在古印度文化中，人们也会依据直觉为天空划分等级，从而建立一种线性的空间感。

　　《吠陀经》中还记载了苏里亚将制轮技术传授给人类的故事。苏里亚通过启发人类观察不间断滚动的日轮，帮助人类发明了可以在固定的轴上转动的人造轮，时至今日，我们依然能在印度国旗上找到轮的痕迹。太阳作为象征符号也是十分常见的，在古希腊罗马神话中，雅利安人的祖先总是将

---

① 《吠陀经》：印度最古老的文献材料和文体形式，主要文体是赞美诗、祈祷文和咒语。

② 闪米特文化：起源于阿拉伯半岛的游牧文化。

太阳美化为飞奔的马车形象。尽管"太阳是转动的"这一意识在遥远的古代就已经产生了，但直到现代，人们通过对太阳黑子的系统性观察，才了解到太阳并非一个转动的圆盘，而是一团不断旋转的气体，不同位置的旋转速度不同（赤道的旋转速度最快，两极的旋转速度最慢）。

　　在之后的古印度文化中，很快出现了标准空间格式的应用。在摩亨佐·达罗①和其他建城史可追溯到公元前 3000 年左右的城市中，我们可以发现当时的城市建制主要遵循两大标准：一是集中化设计，二是实用且统一的计量单位的选用。这些城市建制的标准都和星象毫无关联，似乎只满足一些实用层面的需求，如环境优美宜居、靠近分水岭、耕地朝阳等，但是建筑的格式却保持着高度的统一：从砖块和方石的大小到求算建筑物体积的方法，从马车道的宽度到输送回流水的圆筒的设计。总的来说，这种凭经验确定的计量单位，其大小都在人的可操控范围之内。在量度较小的空间时，人们常常以自己的身体作为参照，如手脚的长度、一步路的距离等。在那时，天上的空间，尚被认为无法计量，甚至没有必要计量。然而随着马车的推广使用，对面积较大的地面空间的测量却开始对人们造成困扰：如果说数千年来的旅行队可以随机选取不同线路的话，那么带轮的马车就一定需要专门修建

---

① 摩亨佐·达罗：印度河流域文明的重要城市，位于今天巴基斯坦的信德省，有"古代印度河流域文明的大都会"之称。

的平坦公路。公路的设计和建造过程要求统一的线性计量单位，这样一来，数学就得以跻身人类的空间探索史，自此成为空间探索中必不可少的学科。

然而对于河谷文明（如尼罗河文明、恒河文明）来说，数千年来占支配地位的交通方式一直是水路交通。河面上的航行并不要求统一的长度计量，也很少需要对路线和距离进行抽象化描述。水流本身就规定了方向，有的地方相对平直畅通，有的地方则蜿蜒曲折，流经地区的山形、生物形态、自然景观和人造景观都为人类提供了清晰可见的参照物。简而言之，在河面上航行的人们不需要在"大空间"内移动，因此对精确的制图法并没有迫切的需求。同时期逐渐定居在大洋洲群岛的美拉尼西亚人却面临着不同的处境，他们所处的地理环境与河谷平原截然不同。岛上位置空旷，放眼望去，地平线上几乎找不到任何参照物，也没有固定的水路，前人的探索路线像独木舟荡起的水波一样易逝……因此，人们只能借助对星空和月球周期的观察以及对受月球影响的波浪的探索，用纤维织物绘制出抽象地图，上面标明4个基本方位和波浪的周期性运动，并用贝壳和卵石标记出会使岛屿产生视觉位移的交叉点。当然，在公元前三四千年的大迁徙时代，人类并不可能掌握精细的航海工具，以上内容只是我们的推测与归纳。如果说地中海文明为空间的探索带来了重大的进展，那么大洋洲文明则将了解空间的必要性推上新高。

在诞生于中亚肥沃土地上的河谷文明中，隐含着2个建筑学奇观：美索不达米亚文明的金字形神塔和古埃及文明的金字塔。它们修建于大约公元前 2500 年，这些高大宏伟的建筑，在建成之时就已经被赋予了不同的概念和功能。金字形神塔主要用于观测夜空，以及充当祭坛或举行礼拜仪式的场所。大约公元前 2000 年，人们就是在金字形神塔上发现了太阳、月球和地球相对位置的周期性重复现象，即沙罗周期[①]。金字塔的位置据说是根据恒星的位置确定的，金字塔作为法老的坟墓，其镀金塔尖被设计用来连接太阳光和死者的灵魂。显然这反映的是一种象征性的思维方式，并没有科学依据。

古埃及人第一个将耸立的巨石风格化，建造出了方尖碑。它是一种四面的石碑，高度是埃及尺[②]的倍数。方尖碑耸立的碑尖直指太阳，就像人一样，头顶天空、脚踏土地。数千年以来，对太阳照射下影子移动的研究从未停止过。早在公元前 20 世纪，古埃及人就已经着手探索影子移动的线性规律了。但是他们并不像古希腊人那样将这种规律用在丈量土地上，而是将其用来测量地球和月球、地球和太阳间的距离。这个在概念上无可挑剔的想法一直延续了数百年，许多学者为之

[①] 沙罗周期：天文学术语，指长度为 6 585.32 天的一段时间间隔。每过这段时间间隔，地球、太阳和月球的相对位置就会与原先基本相同，因而前一周期内的日食、月食又会重新陆续出现。每个沙罗周期内约有 43 次日食和 28 次月食。

[②] 埃及尺：用理想化和形制化的人体部位（如腕、手掌、指）作为丈量标准的计量单位。

费心费力，却因为缺少算术方面的支持，一直没能得到实现，而是逐渐沦为一种纯理论的思辨。

公元前 14 世纪，法老阿肯那顿①在掌权期间实行宗教改革，推崇自己信仰的太阳神，并宣布太阳神阿顿是埃及唯一的神，这在当时引起了很大的轰动。他迁都新城，并将其命名为阿赫塔顿，意为"阿顿的地平线"。新都城的建筑有着明显的方向设定，所有的路都是横平竖直的。太阳历取代了当时被广泛接受的太阴历，太阳神阿顿被奉为宇宙中唯一的真神。这一宗教强调太阳的中心地位，在推广中遭到了许多排斥。不过，这些排斥并非从天文学角度出发，而是因为新的宗教打乱了原本的空间等级秩序以及相应的社会等级秩序：它相信，作为唯一真神的太阳神既护佑富人也护佑穷人。我们至少可以猜测到，一旦以太阳为中心的宗教成为国教，人类离提出天体运动的日心说观点也就不远了。大祭司们的反应可想而知，他们设法打击一切有日心说倾向的观点，以保持对思想的绝对控制——他们为地心说观点的提出创造了先决条件。

同一时期，在和埃及尚未有任何接触的中国，另一种截然不同的空间观念正在形成。商朝的君主们确立了一种以天为基础的神权政治，天就是苍穹，代表着至高无上的、秘不

---

① 阿肯那顿（生卒年不详）：古埃及第十八王朝法老，宗教改革家。其改革遭旧势力反对，死后不久即被废止。

可知的神力。而在人间，所有的一切都建立在以 4 个方位为基础的方形空间内。正中心是皇宫，其修建严格遵循方形建制，四周用方形围墙围起，方形层层相套，逐渐为人们建立起一种直观印象——地面是一个不断向外延展的平面。当时的中国，顾名思义，指的是"中央之国"，位于方形世界的对角线交叉点。人们修建了许多从权力中心发散出来的道路（使用于抵御游牧民族的战车便于通行是其重要目的），这些道路将空间划分成不同的格子。土地逐渐变得可控制、可量化，并慢慢和权力产生了联系。许多智者意识到，通天之路对人类来说充满艰险，指代这条路的"道"就这样应运而生了。后来，伟大的思想家、教育家孔子本着实用的原则，提出了"不怨天，不尤人，下学而上达"的观点。但是人们对赖以生存的空间的认识，却停滞在了二维的层面，他们只聚焦于扁平的地面，而对空间的深度漠不关心。在这一认识的影响下，他们以精确量度、计算和量化为目标，展开了紧锣密鼓的探索。中国人对空间的探索，如同亚历山大·柯瓦雷①所描述的那样，是一个"从粗略认识到精确认识"的过程。当时的世界还是封闭的，宇宙的概念尚未诞生。孔子死后大约 2 000 年，耶稣会士②们来到这片土地，同样展开了他们的

---

① 亚历山大·柯瓦雷（1892—1964）：科学思想史学派的开创者，生于俄罗斯，在法国获得博士学位并从事教学研究。

② 耶稣会士：耶稣会（欧洲天主教修会之一）成员的统称，主要从事传教工作。

探索。

青铜时代晚期最后的几百年里，在美索不达米亚和波斯地区，人们对空间的感知和认识发生了重大的转变（我们说"转变"而非"进步"，是因为"进步"一词暗含了太多积极含义）。计算水平的提高使皇家专用日历得以制定，但是这能在空间探索领域为人类带来什么进展吗？据猜测，当时的巫师们并没有费心费力地向掌权者强调使用工具探索空间的重要性。那些需要宏大建筑和漫长时间作为支持的研究就这样被搁置了。但是到了铁器时代早期，人们对日食、月食、行星运行周期以及恒星的探索取得了重大进展，这为占星术的诞生提供了合适的土壤。天体崇拜在几千年来流传甚广，在人们的观念中已经根深蒂固。天上的神离我们十分遥远，他们造福人类，跟生物界中形象骇人、需要献祭的神完全不同。天上的神是至高无上的，人类渺小而短暂的生命对他们来说不值一提。

对天体的崇拜孕育了占星术，即通过观察天空对人类的时运做出预测，这拉近了天空与人类之间的距离。天空的高远让智者们感到无比困惑，占星术却尝试运用人们想象中的图像——星座来解释这一切，从而容易为普通人所接受。

恒星与恒星之间的距离非常遥远，且分布不对称，但从肉眼看来，它们之间的距离是相对固定的，人们用假想的线条将特定的恒星连接起来，好像它们处于同一个球壳面上。那时，人们对星际深度的理解有着很大的局限：除了离我们比较近的月球、金星、水星和太阳，其他能观察到的天体都被连接成了所谓的星座。为了解释星座，人们创造出数不清的神话故事，将遥远的天空人格化。在他们眼中，星座会对人的命运产生许多影响。人们在见面时甚至不会询问"你是什么时候出生的"，而是问"你是哪个星座的"，有人会回答"狮子座"。这一时期，空间的概念被贬低和缩小了。

占星术的盛行使人们眼中的天空变得小而局限，它实际上是人类空间探索史上的倒退。

与之相对，同样在这几百年中，人类对地面空间的感知却日趋完善。在梵尔卡莫尼卡山谷①中，考古学家们发现了公元前 2000 年描绘土地形状和边界的岩画。当然，把它们称作制图作品为时尚早，但不可否认的是，它们所具备的抽象性以及实用性已经十分明显。根据希罗多德②的描述，在公元前 15 世纪，古埃及也出现过类似的制图作品，但是规格要比上述岩画大得多。那是一种古老的地籍册，用纸莎草卷制而成，可以不断地完善更新，里面甚至标记出了被尼罗河水冲走的界石的位置。公元前 1300 年的古埃及金矿图则是一幅名副其

---

① 梵尔卡莫尼卡山谷：位于意大利北部伦巴第地区的阿尔卑斯山脉南麓峡谷之中。

② 希罗多德（约前 484—约前 425）：古希腊历史学家、作家，其所著的《历史》（The Histories）一书，最先对史料采取了一定程度的分析批判，把历史的真实性和艺术性有机融合，被认为是西方最早的一部真正的历史著作，希罗多德也因此被尊称为"历史之父"。

实的制图作品，现在被收藏在都灵的埃及博物馆中。

但是，出于实际目的绘制"小空间"的能力的提升，并不代表人类对空间的形式和大小的理解更加深入。古埃及第十八王朝法老图特摩斯一世在公元前 1500 年进军美索不达米亚时，曾对幼发拉底河向南流这一事实感到十分不解，因为尼罗河是向北流的，"河水向南流"可能与他所迷信的空间观念相悖。而数千年来的猎人、牧羊人以及农民都只注意到水往低处流，并没有考虑到流向。人们急需一种符号化的表达方式，将广袤的空间、方位、形态以及对它们的描述结合起来，简单来说，需要确立一种地理学视角。

进入铁器时代，当时的希腊人将铁称为 syderos，如此命名或许是因为他们从坠落的陨石中发现了这种金属。通过与近东地区的接触，西方人吸收了先进的科学知识，确立了全新的思维方式，这些思维方式奠定了西方文化的基础。当时人们对空间的理解也为后世留下了深远的影响。

第三章

Part 3

古 代

在公元前 2000—前 1000 年，一些所谓的"蛮族"登上历史舞台。与近东地区伟大的文明相比，他们的文化显得较为落后，但其民众尚武，因此在钢铁工业上更加有所作为。古埃及人称其为"海上民族"，这一称呼清晰直接地表达出了"蛮族"和他们在地理上的异质性。对"蛮族"的界定没有特殊的标准，利西亚人、早期迈锡尼人、克里特人、西库尔人、第勒尼安人还有撒丁人都曾被划入"蛮族"的行列，总的来说，它主要指的是那些生活在地中海北岸的民族。那时的许多君主国都坐落在中亚一片形似新月的肥沃土地上，"蛮族"的兴起使得可感知的世界变大了，这些国家的君主也不得不重新考虑自身的地缘政治。无论如何，他们需要重新思考适合居住的世界的大小。

克里特岛位于地中海东部中心区域、欧亚非三大洲之间的航线上，对那些在地中海东部航行的探险者来说，克里特岛上长年被冰雪覆盖的伊季山①就是最好的地理观测中心。从希腊基克拉泽斯群岛②吹来的东北风、从叙利亚吹来的东南风、从利比亚吹来的西南风，它们的命名都与这座山有关。探险者们的另一个参照物是持续喷发的埃特纳火山③，这座火山十分明亮，即使在夜里也清晰可见。诗人荷马搜集了几个世纪以来的传说，写成了《荷马史诗》（Homeric Epics），根据他的描述，埃特纳火山上有一个奇妙的超自然世界。传说中，在地中海西部的海面上，西西里岛北部，有一座风神岛，岛上吹来的风影响着洋流，使得海面汹涌躁动。佩拉斯吉人④眼中未知且充满危险的斯库拉巨岩⑤和卡律布狄斯大旋涡⑥都与风神岛的传说有关。

① 伊季山：希腊克里特岛中西部山地，有2座山峰。

② 基克拉泽斯群岛：爱琴海南部的一个群岛，位于希腊本土东南方，包括约220个岛屿。基克拉泽斯意为环状，该名称源于这些岛屿环绕着提洛岛排列成一个近似的圆。

③ 埃特纳火山：欧洲海拔最高的活火山（海拔3 300多米，具体数值经常变化），位于意大利西西里岛东海岸。

④ 佩拉斯吉人：古希腊人对公元前12世纪之前住在希腊的前希腊民族的称呼。

⑤ 斯库拉巨岩：位于墨西拿海峡（意大利半岛和西西里岛之间的海峡）一侧的一块危险的巨岩，得名于古希腊神话中吞吃水手的女海妖斯库拉。

⑥ 卡律布狄斯大旋涡：得名于古希腊神话中位于女海妖斯库拉隔壁的大旋涡怪卡律布狄斯，她是海王波塞冬与大地女神盖亚之女，传说她会吞噬所有经过的东西，包括船只。

在地中海的北部海岸，也就是第勒尼安海和亚得里亚海域附近，生活着一群非印欧人种的居民，他们与希腊文明以及东方文明都有所接触，并且十分擅长冶铁。在历史上，他们被称为伊特鲁里亚人。

关于伊特鲁里亚人对地面和天空的认知，我们所获取的信息主要来自公元前 900 年以来的一些记载，并没有十分确切的一手资料。至于这些认知是伊特鲁里亚人所独创还是借鉴自其他文明，我们亦无从得知。伊特鲁里亚人对空间的认识建立在一种四等分的观念之上，他们根据观测到的太阳运动轨迹，将可感知的空间均分为 4 个部分。天上是神的世界：有一些人们广为接受的、借鉴自古希腊众神的神，他们一般代表那些可观测到的星体；也有一些人们不太熟悉的神，他们代表那些尚未被观测到的星体。在这里，我们对伊特鲁里亚人的神学理论不做赘述，但值得一提的是，他们已经意识到，在当时人们的认知之外，还存在一个更为广阔的空间。

伊特鲁里亚人认为："世界"指人类的栖息地，即适合人类居住的土地，通常是当时的高地；那些荒凉、遍布沼泽、疟疾泛滥的不适合居住的地区，则被称为"非世界"。

伊特鲁里亚人为人类的空间探索注入了全新的血液，除此之外，他们在军用建筑的设计上也有较大贡献，罗马帝国的军营、经过专门测量而筑成的方形围墙，都借鉴自伊特鲁里亚人。后来，建筑师希波丹姆①将这些设计归纳总结，形成了最早的城市规划理论。这些理论为人类开辟更广阔的生活空间打下了基础。城市代表着方，地球代表着圆，方圆之间，彰显着人类的生活智慧。一般来说，空间秩序都从中心向外扩展，这也是有序力量的象征。不管是古埃及法老阿肯那顿的神权、古代中国皇帝的君权，还是古罗马皇帝戴克里先②的政权，其空间秩序都是如此发展的。在超过 2 000 年的时间里，在不同的历史背景下，人们都试图以一种专制的方式将微小的地面空间与想象中类似的天体空间对应结合起来。

公元前 10 世纪，新亚述帝国③的疆域涵盖了希腊诸岛，当时较为先进的埃及文明和两河文明也通过克里特岛传入帝国境内。

尼尼微城④的亚述人发展了用来计算天文现象周期性的算法。当然，这些天文现象都是可以用肉眼观测的，如五大

---

① 希波丹姆（约前 498—约前 408）：古希腊建筑学家，被誉为"西方古典城市规划之父"。他提出了在后来 2 000 余年深刻影响西方城市规划形态的希波丹姆模式。

② 戴克里先（244—312）：罗马帝国皇帝，结束了罗马帝国的第三世纪危机，建立了四帝共治制，使其成为罗马帝国后期的主要政体。

③ 新亚述帝国（前 934—前 612）：亚述第三次复兴后建立起来的庞大帝国。

④ 尼尼微城：西亚古城，新亚述帝国都城，位于现在的伊拉克北部尼尼微省，底格里斯河东岸。

行星的运动、月球的运动、日食和月食等，他们在计算中使用的是与天体运动规律相匹配的六十进制。星历表的制作可追溯到公元前8世纪，这是一种用于记录恒星和行星变化（主要是位置变化）的表格，可被当作"天文日记"。星历表由祭司填写、皇家档案员归档，和国家大事记以及与天体变化相关的占卜记录共同保存。"天文日记"的记录在此后的700年里几乎从未间断过，腓尼基人①整合了这些"天文日记"中提到的数据，绘制了从直布罗陀海峡到亚丁湾的地图，那时该地区是他们航海交通的主要区域。这种地图与之前游牧民族所掌握的地图不同，它由一些从特定位置发出的射线构成，有点像我们所说的思维导图。来自爱奥尼亚②的阿那克西曼德③以这种地图为基础，提出了为古希腊航海家们广泛接受的几何天文学理论。他绘制出了第一张全球地图，认为地球就像一个圆盘，由3块大陆以及海洋组成。他将大陆比作漂浮的木筏，并如此问道："如果大陆不是漂浮在海面上，又如何能在宇宙中悬空存在呢？"

同样来自爱奥尼亚的哲学家、阿那克西曼德的老师——

---

① 腓尼基人：生活在地中海东岸的古老民族。由于占据地理优势，他们的航海活动十分频繁。

② 爱奥尼亚：爱琴海东岸的爱奥尼亚人定居地。

③ 阿那克西曼德（约前610—约前546）：古希腊哲学家，米利都学派主要代表之一。他认为万物本原是某种无边、无限、不可定义的"无限定"。他制造了古希腊第一个日晷，还提出了最早的物种演化观点。

泰勒斯①，也继承了亚述人对空间的理解。泰勒斯创立了米利都学派，该学派的创新性主张主要体现在以下两个方面：一是关于研究目的，天文学研究的目的是了解宇宙的组成，而非对未来做出预测；二是关于宇宙观念，要用动态发展的眼光研究看似静止的、恒定的事物。

近东地区的祭司们更加重视算术，而自泰勒斯以来，古希腊人则越来越倾向于用几何方法解决问题。几何只被当作算术问题在空间上的可视化反映，他们并未意识到两个领域之间的不协调。在公元前5世纪，来自坎帕尼亚的哲学家芝诺提出了著名的"阿喀琉斯追不上乌龟"的悖论②，它是对当时惯用几何法的古老而权威的米利都学派的一个强烈讽刺。

算术思维并没有完全沦为一种帮助统治者争夺海上贸易霸权的工具。毕达哥拉斯学派③为算术的发展做出了很大的贡献，该学派认为，算术之所以有意义，是因为"数"是有

---

① 泰勒斯（约前624—前547/前546）：传说为古希腊的第一个哲学家，因经商、从政、科学活动等多方面的成就被誉为"希腊七贤"之一。

② 即芝诺悖论。假设让乌龟在阿喀琉斯前面1 000米处开始和阿喀琉斯赛跑，并且假定阿喀琉斯的速度是乌龟的10倍。当比赛开始后，若阿喀琉斯跑了1 000米，设他所用的时间为t，此时乌龟便领先他100米；接下来当阿喀琉斯跑完100米时，他所用的时间为t/10，乌龟则领先他10米；再接下来当阿喀琉斯跑完下一个10米时，他所用的时间为t/100，乌龟领先他1米。照此推论，阿喀琉斯能够继续逼近乌龟，但绝不可能追上它。

③ 毕达哥拉斯学派：由古希腊哲学家毕达哥拉斯及其信徒组成的学派，对古希腊乃至其后的西方文化发展产生过重要影响。

穷尽的：宇宙可以用"数"来量化；而混沌是一种无穷无尽的状态，无法用"数"量化。根据毕达哥拉斯的观点：天空的边界虽然无法直接测量，却可以用算术的方法计算；剩下的无法计算的部分被无尽的黑暗笼罩，对人类来说毫无探索的必要。这些观点无法被论证，因此在后来逐渐沦为了教条。公元前5世纪末，古希腊哲学家、毕达哥拉斯学派的菲洛劳斯提出了"能量中心"的设想：宇宙中存在一个能量中心，地球、太阳以及其他星球都围绕着这个中心旋转。这一设想在当时看来十分大胆，之后的2 000年中，关于它的争议一直没有间断过，但是今天我们从中不难看出哥白尼学说的雏形。公元前5—前4世纪，埃利亚学派①的空间推理"引起了古希腊人对空间无限性的怀疑，以至于他们在任何严肃的科学建构中回避这一概念"②。

　　经过一系列的战争与扩张，古希腊人在地中海的贸易、政治和文化霸权得到巩固，在这一阶段，希腊的一枝独秀被称为"希腊主义"。与此同时，古希腊人的天文学、地理学思想也逐渐深入人心，这些思想围绕着空间的确定性展开，组

---

① 埃利亚学派：古希腊最早的唯心主义哲学派别之一，建立于古希腊埃利亚地区。其主张唯静主义的一元论，即世界的本原是一种抽象存在，因此是永恒的、静止的，而外在世界是不真实的。

② 阿兰·C.邦威，《前托勒密时代的天文学》（*La Scienza del Cielo nel Periodo Pretolemaico*），选自《科学史》（*Storia della Scienza*），意大利百科全书出版社（*Istituto della Enciclopedia Italiana*），罗马，2001年，第1卷。——原书注

织严密，实用性强。

在空间探索史上，公元前 4 世纪是一个非常关键的"节点"，但这个时期的空间观念也不可避免地带有一些局限性。

柏拉图针对宇宙所提出的概念过于简单化和机械化，他所说的"天外世界"其实已经脱离了天文学的思维方式。

亚里士多德学习了苏格拉底之前的一些理论传统，重新提出了自然科学的概念，并赋予了它更加专业的含义：天空以及组成天空的天体是自然产生且永不湮灭的；万物皆围绕着地球旋转；人类只需研究可以被感知到的世界，无法被感知的部分没有研究价值。他在概念上承认空间的无限性，却否认人类对空间认知的无限性。亚里士多德将地球置于 56 个同心球的中心，恒星位于最外层的球上。他还提出地球的理想化直径（未经过算术求证）为 40 万希腊尺，约 7 万千米。

伊壁鸠鲁①曾提出过一个脱离了算术基础的空间概念，他认为星星本身就如我们看到的那样渺小，观察它们的运动是没有实际意义的。当时包括东方的祭司在内，许多人都坚信，天体的运动受到神力的驱使，伊壁鸠鲁的观点对这种迷信观点是一个极大的抨击，但是他也因此否定了所有可能基于算术计算的天文学研究，对天文学的发展、光学仪器的研

---

① 伊壁鸠鲁（前 341—前 270）：古希腊哲学家、无神论者，伊壁鸠鲁学派的创始人。他的哲学可分为 3 个部分：物理学（研究自然及其规律）、准则学（即逻辑学，说明认识自然的方法）和伦理学（论述幸福的学说）。

究造成了很大的阻碍。

公元前 4 世纪出现了许多这样的学者：他们不再醉心于提出一套系统的哲学理论，而是倾向于用观察和计算的方式探索外部空间。他们的名字并不像前面提到的哲学家那样响亮，却为人类对空间的探索做出了不可磨灭的重大贡献。

赫拉克利德斯①第一次提出了金星和水星围绕太阳旋转的假设。"自由的思考者"、曾赴埃及考察的学者欧多克索斯②提出了以地球为中心的同心球理论，他尝试测量地面子午线的长度，并得出了长为 7.4 万千米的结论。尽管该长度比真实值大得多，但这在当时仍是极具意义的，因为如果将地球置于宇宙中心，那么人们便会自然而然地认为地球大过其他天体。后来，欧多克索斯的学生卡里普斯用更为精确的算法修正了欧多克索斯的同心球理论。在这一时期，数学算法得到了发展，但是对于地外空间的探索，却仅限于猜想和假设的层面。

亚里士多德对于上述学者的观点并非充耳不闻，但是这些假设并不能在他的思维体系中得到合理的解释，"在亚

---

① 赫拉克利德斯（约前 390—约前 322）：柏拉图学派哲学家，柏拉图学园的核心成员之一。他的作品涉及物理学、逻辑学、伦理学等诸多领域，但在天文学和宇宙论方面的成果最为突出。他常被视为第一个提出日心说的人，并提出地球绕地轴自西向东自转。

② 欧多克索斯（约前 400—约前 347）：古希腊数学家、天文学家。他是最早将球面几何应用于天文学的古希腊科学家，在数学上创立了比例论并发展了穷竭法。

里士多德的理论中我们找不到任何关于五大行星逆行的描述"。太阳系中几乎所有行星都被观察到有逆行的现象，当时人们对此十分不解，行星一词的含义本身也与无规则运动有关，该词起源于古希腊语，意为游离的星体。在亚里士多德的理论中，行星围绕着地球做规则的圆周运动，这与人们观察到的行星逆行现象显然是相互矛盾的。阿波罗尼奥斯①和喜帕恰斯②在以地球为中心的同心球理论基础上，提出了"本轮"和"均轮"的概念，对行星的逆行做出了合理的解释（天体沿着本轮做匀速圆周运动，本轮的中心又沿着各自更大的均轮以地球为中心做匀速圆周运动）。之后，托勒密③在他的著作《至大论》（*Almagest*）④中将阿波罗尼奥斯和喜帕恰

① 阿波罗尼奥斯（约前 262—约前 190）：古希腊数学家，与欧几里得、阿基米德齐名。他的著作《圆锥曲线论》（*Conics*）详尽地研究了圆锥曲线的性质，是古代辉煌的科学巨著，代表了古希腊几何的最高水平。

② 喜帕恰斯（约前 190—前 125）：也译作依巴谷，古希腊天文学家、地理学家。他编制了一个载有 850 颗恒星的位置和亮度的星表，首先发现了岁差，采用本轮 - 均轮体系加偏心圆理论说明了太阳和月亮的运动，创制或改进了天球仪、星盘、浑仪等天文仪器，留下了大量观测资料。

③ 托勒密（约 90—168）：罗马帝国时期著名的天文学家、地理学家、占星学家和光学家，"地心说"的集大成者，代表作有《至大论》《地理学指南》（*Guide to Geography*）、《光学》（*Optica*）等。

④《至大论》：也译为《天文学大成》，是托勒密在公元 140 年前后编成的天文学名著，它的写就标志着欧洲古代天文学体系的形成。这部著作在 17 世纪初以前一直是阿拉伯和欧洲天文学家的经典读物。

斯的观点进一步完善，这部著作在后世被广为传颂，"本轮均轮说"也在东西方盛行开来。人类本能地将地球置于宇宙中心，并认为它是静止不动的，这种过分强调人类中心地位的思维方式对我们探索空间的过程造成了极大的制约，对托勒密来说是如此，对此后几个世纪的学者来说更是如此。地心说模型在引入本轮后变得越来越复杂，甚至本轮中还包含着更小的本轮。后来，人们开始渐渐转变思维方式，通过应用地球围绕太阳转的假设，大大简化了对行星运动的描述。

公元前3世纪，古希腊学者阿利斯塔克①煞费苦心地研究了毕达哥拉斯学派的算术成果，他重新测量了日地距离，改变了人们对天体大小以及天体间距离的认识。阿基米德说："阿利斯塔克的研究成果使得之前的一些假设从此有了它们的道理。"

那么究竟是哪些假设呢？其中当然包括地球围绕太阳转的假设。当时人们相信，正如我们难以测量天体中心到天体表面的距离一样，太阳到天球②外围的距离也是难以测量的。

尽管在这时几何学发展并不成熟，许多测量方法并不可行，空间的广袤程度也超出人类的想象，日心说还是在学术

---

① 阿利斯塔克（前315—前230）：古希腊著名天文学家，历史上最早提出日心说的人，被恩格斯称为"古代的哥白尼"，他也是最早测定日地距离与月地距离的近似比值的人。

② 天球：在天文学等领域，天球是一个以测者为球心、半径无限长的假想球面。

圈中流行起来，阿利斯塔克也相应地成为用几何学方法研究
宇宙空间的先驱。阿利斯塔克认为天体间的距离是难以测量
的，他意识到，在地球绕着太阳旋转的过程中，会不可避免
地产生恒星视差，而他无法观测到恒星视差。直到 19 世纪，
得益于光学仪器的发展，人们才第一次成功测量出了恒星视
差。它只有微小的 0.3 角秒，不仅用肉眼无法观测到，伽利
略①之后的 200 年间制造出的任何光学仪器也无法观测到。我
们经过测量后发现，这颗恒星距离我们超过 10 光年，这一距
离是喜帕恰斯遵循阿利斯塔克的思路所测量出的日地距离的
1 200 万倍，这一数值对当时的人们来说是无法想象的。

正如阿兰·C.鲍恩所说："在托勒密时代之前，希腊人
对天空的理解是形象的、可量化的。他们研究天空，主要是
为了用几何图形描绘出天空中可观察到的共性变化，同时提
出与之对应的哲学观点，帮助人们理解天体的性质，而非天
体的行为。"人们知道太阳可以发光，至于是太阳围绕地球转
还是地球围绕太阳转，他们并不十分关心。那时他们理解中
的太阳只是一个扁平的圆盘，而不是一个转动的球体。

公元前 3—前 2 世纪是古希腊在科学领域的一段辉煌时

---

① 伽利略（1564—1642）：意大利物理学家、天文学家、哲学家，近代
实验科学的奠基人之一。伽利略从实验中总结出自由落体定律、惯性
定律和伽利略相对性原理等，以系统的实验和观察推翻了纯思辨的传
统自然观，开创了以实验事实为根据并具有严密逻辑体系的近代科学，
因此被誉为"近代力学之父""现代科学之父"。

期，人们一直用几何图形来理解阿利斯塔克的天体理论，从他的理论出发发展出了许多有价值的研究成果。在光学领域，阿基米德通过研究球面的凹处，发明了"燃烧镜"。墨西拿的迪卡彻斯通过将球面坐标应用于地球，发明了在地理上沿用至今的经纬度（从赤道向南北延伸的纬度和从子午线向东西延伸的经度）。埃拉托色尼为地理学的发展做出了极大贡献，实际上"地理学"一词就是由他创造的，他精确计算了子午线的长度，并设计了可以测量地球球面坐标的浑仪。此外，他还绘制了清晰直观的世界地图，其内容几乎涵盖了当时人类所能了解到的所有区域。根据凯撒里亚主教尤西比乌斯[1]的描述，埃拉托色尼也曾试图计算地球、月球和太阳相互之间的距离，但遗憾的是，相关的记录已经遗失。

这一时期，一些纯理论层面的研究也获得了长足的发展。公元前 1 世纪，盖米诺斯[2]在他的《天文学引论》（*Introduzione all' Astronomia*）中第一次提出，"真实"和"表象"之间存在差别，计算得出的周期和天体自身运转的周期往往是不一致的。1 个世纪以后，梅涅劳斯[3]在他的著作中提到了著名的梅氏定理（任何一条直线截三角形的各边或其延长线，都使得

---

[1] 尤西比乌斯（约 260—约 340）：又译为欧瑟伯，基督教史学家、作家、教会史体例的创始人，被誉为"教会史之父"。

[2] 盖米诺斯（活跃于公元前 70 年左右）：古希腊天文学家、地理学家、数学家，其《天文学引论》是一本基础性天文学手册。

[3] 梅涅劳斯（约 70—约 140）：古希腊天文学家、数学家。

3 条不相邻线段之积等于另外 3 条线段之积）。尽管后人将该定理以他的名字命名，但是据考证，该定理的内容可以追溯到更遥远的时代。梅涅劳斯将这一定理扩展到球面三角学领域，解决了当时学术界的一些分歧。从亚历山大教导学院①开始，人们正一步步走向追求科学的道路。"那时关于天空的科学，不再仅仅是为了满足传统的哲学和宇宙论需要所设立的学科，而是一门建立在一系列严谨连贯的计算程序上的独立学问，这在当时是前所未有的。"到了公元 2 世纪初，一位伟大的科学家登上了历史舞台，他将人类此前近 500 年所积累的研究成果和思辨成果总结归一，他就是托勒密。

托勒密接受度最高、传颂度最广的作品当数《至大论》，在这部作品中，托勒密提出：宇宙和地球都是球体；地球相比于宇宙而言相当于一个点；地球处于静止状态，位于宇宙的中心。

托勒密在其行星体系中，认为地月距离约为地球半径的 60 倍，这是一个非常好的近似值。但他推算出的日地距离为地球半径的 1 210 倍，这仅是实际日地距离的大约二十分之一。因此，他所估计的同心球的间距也比真实值要小得多。

在《地理学指南》中，托勒密研究了收藏在亚历山大城图书馆中的地理信息，将其与圆锥投影方法结合起来，绘制

---

① 亚历山大教导学院：又译为教理学院、圣教学院，创建于埃及亚历山大城，以哲学问答的方式来教授基督教神学，是亚历山大学派的中心。

了具有划时代意义的世界地图。从范围上讲，其中展示的世界比埃拉托色尼所描绘的世界广阔，但从经纬度尤其是经度范围来看，它却相对缩小了。总的来说，托勒密定义了一个狭小的世界，在这个世界里，那些与我们生活息息相关的星体（如太阳和月球）离我们并不是十分遥远，天上只有不到50个星座，它们可以帮助夜行人辨别方向。"希腊人的宇宙是狭小的、有穷尽的，它满足了当时人类合理的想象。"①

　　法国科学哲学家皮埃尔·迪昂以及其他许多现代认识论学者都认为，托勒密的体系反映了一种工具化的概念，一种"为世间所有现象都寻求一个合理解释"的理想。我们并不清楚托勒密本人在研究时是否也抱着这样的态度，但有一点是确定的，他眼中的宇宙是规则的、有穷的，并且对人类来说并非遥不可及，这使得他的体系被后人广为接受。在托勒密的观点中，宇宙其实触手可及，这对人们来说是一个极大的安慰。

　　在罗马人不断巩固帝国统治的过程中，就像其征服一座战略阵地或金矿一样，他们的实用主义思想对善于思辨和创造的希腊人产生了深刻的影响。斯特拉波②将自己的作品

---

① 弗兰克·费鲁奇奥·来波利尼，《希腊宇宙学》(*Cosmologie Greche*)，勒舍尔出版社（Loescher），都灵，1980年。——原书注

② 斯特拉波（前64/前63—约23）：古希腊历史学家、地理学家，生于本都阿马西亚，后移居罗马。他游历了意大利、希腊、小亚细亚、埃及和埃塞俄比亚等地，并曾在亚历山大城图书馆任职。

呈献给凯撒大帝①，并向他解释："地理学知识在政治生活
中是不可或缺的。人类的每个行为都会和空间产生关联，我
们活动的空间就是地球，它由陆地和海洋构成。了解帝国这
个相对较小的空间，可以帮助我们更好地采取行动、管理国
家。"②生长在大西洋边被称为"一片荒芜之地"的毛里塔尼
亚海岸的蓬波尼奥·梅拉③，也将自己的《地方地理学》（De
Corographia）呈献给罗马皇帝克劳狄乌斯④，这部作品集中展
示了区域地图的广泛用途，这些地图选取的比例尺很小，比
之前任何的地球平面图都要精细。公元 1 世纪，埃拉托色尼
绘制的世界地图已经被人们广为接受，流浪诗人就凭借这种
地图在各地游历。

　　托勒密的观点就是在这样的思想氛围中形成的，这些观
点在后来发展成了所谓的"托勒密体系"，被奉为无可挑剔的
权威。显然，"观点"和"体系"之间还是有很大区别的。

　　在理论研究领域，和托勒密同时代的学者——巴比伦的
塞琉古通过对潮汐以及其他自然现象的观察，发表了这样的

---

① 凯撒大帝（前 102/ 前 100—前 44）：罗马共和国末期杰出的军事统
　　帅、政治家，善于治军，足智多谋，在文学方面亦多有著述。

② 斯特拉波，《地理学》（Geografia）。——原书注

③ 蓬波尼奥·梅拉（活跃于公元 43 年左右）：古罗马地理学家，他将地
　　球划分为 5 个区域，认为其中的 2 个温带地区适合居住。

④ 克劳狄乌斯（前 10—公元 54）：史称克劳狄一世，罗马帝国朱里亚·克
　　劳狄王朝的第四任皇帝，公元 41— 54 年在位。

物理学观点：地球绕轴自转，同时也围绕太阳旋转；他还假设宇宙是无边无际的。尽管他的观点在当时并未得到广泛的认可，但有足够的信息表明，至少在当时的学术圈，阿利斯塔克的日心说并没有被完全摒弃。

公元3—4世纪，亚历山大教导学院致力于托勒密体系的推广，主要的推广方式是发行一些关于托勒密弦表[1]的实用性集注和宣传手册：古希腊哲学家阿特米多鲁斯批判了托勒密弦表在算术上的不准确性；帕普斯[2]将该表加以简化；帕普斯的学生赛翁[3]检查了表中的内容，并对其加以解释；赛翁的女儿、著名的女学者希帕蒂娅[4]为了方便该表的使用，甚至可能发明了专门的工具。

与此同时，在哲学领域，尽管和当时流传甚广的托勒密体系更为贴合的是重视理性和规律的亚里士多德主义[5]，但

---

[1] 托勒密弦表：托勒密根据前人的理论所改编的三角函数弦表。

[2] 帕普斯（约290—约350）：古希腊数学家，亚历山大学派最后一位伟大的几何学家，著有《数学汇编》（*Mathematical Collection*），许多古代的数学成果正是由于这本书的存录才为后人所知。

[3] 赛翁（约335—约405）：古希腊哲学家、数学家、占星学家。

[4] 希帕蒂娅（约370—415）：有史记载的第一位女数学家，她协助父亲赛翁校订欧几里得和托勒密的著作，还注释过阿波罗尼奥斯的《圆锥曲线论》。

[5] 亚里士多德主义：信仰亚里士多德的基本学说、广泛采用亚里士多德特有的概念和方法进行哲学研究并建立新的理论体系的思潮和学说的总称。

是新柏拉图主义①还是发展起来了。新柏拉图主义在诺斯替教②、密特拉教③以及当时比较盛行的几个基督教流派的思想间来回穿梭。来自希腊的新柏拉图主义的信奉者、希帕蒂娅的学生辛奈西斯在晚年更是成为昔兰尼④地区的主教。实际上，此时的托勒密体系尚未被奉为唯一正确的理论。公元5世纪，尽管新柏拉图主义学者普罗克洛斯⑤对托勒密体系中的许多观测数据表示怀疑，但还是认可了托勒密的宇宙观。这时，托勒密体系的权威地位才真正被确立。普罗克洛斯并不是基督徒，但却是雅典柏拉图学园的掌门人，在君士坦丁堡的宫廷中，他的观点有着绝对的分量。

公元6世纪中叶，查士丁尼一世⑥委托建筑师安提莫斯遵照"宇宙的形制"重修圣索菲亚大教堂，安提莫斯一筹莫展，最终选择了求助一位托勒密体系的支持者——欧托基奥

---

① 新柏拉图主义：公元3世纪中期到7世纪中期，在罗马帝国背景下产生的继承了柏拉图和前代柏拉图主义思想的哲学流派。

② 诺斯替教：罗马帝国时期在地中海东部沿岸各地流行的许多神秘主义教派的统称。

③ 密特拉教：古代的秘密宗教，主要崇拜密特拉神（史前文明社会雅利安人曾信拜的神），自公元前1世纪起在罗马帝国传播。

④ 昔兰尼：位于今利比亚境内的古希腊城市，建于公元前7世纪。

⑤ 普罗克洛斯（412—485）：希腊哲学家、数学家、注疏家，新柏拉图主义的集大成者。

⑥ 查士丁尼一世（483—565）：东罗马帝国（拜占庭帝国）皇帝，他下令编纂了多部法典，总称《罗马民法大全》（Corpus Juris Civilis），对后世法律影响很大。

斯。公元 7 世纪，希拉克略一世①命两位希腊学者斯特凡诺和奥林匹奥多罗对托勒密的著作进行整理，这项工作借鉴了赛翁的研究成果。

经过一系列过程，托勒密体系不容置疑的权威地位最终被确立，一个时代也随之结束了。

---

① 希拉克略一世（575—641）：东罗马帝国希拉克略王朝的第一任皇帝。

第四章

Part 4

中世纪早期

前文所述的人类对空间的探索过程，在各个时期呈现出了多种多样的特点，但总体来说是不断深入、不断发展的（限于地中海地区）。虽然过程迂回曲折，但人类的认知始终在不断拓宽，知识的系统性和整合度也在不断提高。

但在跨越公元6世纪和7世纪的100年里，这一进程却被突然打断了。与空间探索密切相关的天文学和地理学的发展受到了政治危机的严重限制，这100年对地中海沿岸的人们来说，是宇宙观念和地理观念瓦解和重塑的时期。

造成观念瓦解的原因是复杂而多样的，其中有3个原因不容忽视：一是日耳曼人的入侵，二是基督教的宗教统治，三是地中海地区分裂为基督教和伊斯兰教两大阵营。

"自古以来人们都认为，日耳曼人的入侵是造成罗马帝国土崩瓦解的直接原因。"如今意大利权威的《特雷卡尼百科全书》（*Enciclopedia Treccani*）对日耳曼人的描述，就是以这句评价作为开头的（书中"日耳曼人"这一词条大约写成于

80 年前，在编写时考证了大量一手的德文资料）。日耳曼人作为长期迁徙的游牧民族，每经过一个地方，就要掠夺一处领地，对他们来说，所谓"领地"不是一个有地理界限的区域，而是一片能提供基本生活用品（如水、草场、森林）的栖息地。他们甚至没有掌握任何的土地测量方法，在他们的观念中，如果一片土地不能产出现成的生活用品，那么就完全没有必要去测量它。以同样的思维方式，他们只有出行的时候，才会下意识地考虑两点之间的直线距离。他们为了寻找现成的生活必需品、越过地理障碍、躲避敌人的侵袭，需要对路线进行感知，而这种感知可以说完全凭借一次又一次的出行经验。在这样的生活方式下，想要建立一个地理概念上的"中心"，也就是一种空间秩序，几乎是不可能的。同样受限的还有他们对远处空间的感知。日耳曼人对于空间的理解，始终停留在北欧《埃达经》[①]（*Eddur*）中一些神话传说的层面：人类居住的空间称为"中土世界"，它是一个扁平的圆盘，四周被一望无际的海洋所包围，圆盘下有一棵起到支撑作用的原始树，树下是亡灵的世界；乌云里面住着神仙，神仙一施法，雷和闪电就从多云的天空中落下来；云层之上是太阳和月球，它们之所以运动，是因为受到了妖怪的追赶；这些神话中都没有提到星星，那时的人们认为，星星只是一个类似

[①]《埃达经》：两本古冰岛有关神话传说的文学集的统称，是中古时代流传下来的最重要的北欧文学经典。

盾牌的盖子上用作装饰的亮点。

日耳曼人南下到达罗马尼亚，自公元 400 年起的一个半世纪里，他们先是对那里进行了无情的掠夺，又对其进行了占领和征服。在这一过程中，《埃达经》中朴素的空间观念也在罗马尼亚的乡村传播开来。城市里的学校逐渐被关闭，拉丁文化的学者们失去了传道授业的平台，导致古典时代的科学文化与大众认知渐渐脱离，被蒙上了一层厚重的神秘色彩。

北非的汪达尔人、伊比利亚的西哥特人和高卢的法兰克人都在政治体制上效仿罗马帝国，但对罗马文化却加以摒弃。意大利的情况则更为糟糕，东哥特人占领了意大利，并从公元 6 世纪中叶开始，与拜占庭人展开了长达 10 年的战争，使得整个半岛满目疮痍。公元 568 年，意大利又遭到了一大批蛮族的入侵，这些蛮族成分复杂，主要由伦巴第人带领，连最边缘、最原始的日耳曼人分支也参与进来了。这对罗马人来说是一次彻底的打击：古罗马的思维体系最终和它的国家机构一样全盘崩裂，古希腊、古罗马文化就这样退出了人们的生活，仅在地中海的东部地区有所保留和发展。

日耳曼人在占领罗马尼亚的时期里，发展出了基督教信仰，这也与他们当时的文明比较原始有关。汪达尔人和伦巴第人信仰阿里乌教派，这是一个神学体系十分单纯的宗教派别，其教义建立在好与坏两种力量冲突的基础之上；法兰克人在日耳曼人的各个分支中文明程度是最高的，他们信仰的是天主教。在伦巴第人入侵意大利的几十年中，一位来自图尔的德高望重的牧师——格列高利在阐述法兰克人的历史时提出：罗马人和日耳曼人在宗教信仰上其实是互相渗透、互相调和的，魔鬼、圣人、英雄和巫师都是永恒的超自然力量的化身。格列高利的主张主要在于三个方面：一是使那些能呼风唤雨并且可以和"众神之王"奥丁对话的巫师皈依基督教；二是将"拜火"仪式（圣乔凡尼之火）纳入对上帝的祭拜；三是用象征的方式来理解人类无法解释的自然现象，而不去过多追究这些现象的起因。

"这样的宗教思维方式在5—9世纪是十分典型的，这也是中世纪早期的一个显著特点。"[1]天空被简化为神的居所，人类对此不再有观察和思考：日耳曼人的入侵使得人们对空间的感知意识急剧退化。

与此同时，在君士坦丁堡呈现出的却是另一番景象。那里的基督教科学家们继续着对宇宙的思考和研究：有时研究没有实质性进展，甚至带来了教条主义和思维固化；有时却有着令人欣喜的发现，但总有与希腊文明断裂的迹象。

曾赴印度考察的科斯马斯[2]在他的《基督教世界风土志》（*Topographia Christiana*）一书中表示，世界的组成和宇宙的运动不可能与《圣经》（*Bible*）的内容相悖。当时的几任教皇

---

[1] 拉乌尔·曼瑟利，《中世纪的超自然现象及平民宗教》（*Il Soprannaturale e la Religione Popolare nel Medioevo*），斯杜迪姆出版社（*Studium*），罗马，1986年。——原书注

[2] 科斯马斯（活跃于6世纪）：拜占庭哲学家、制图学家、商人。

在留给后世的讲道记录中，对宇宙空间这一议题也是避而不谈。立场比较明确的当数基督教哲学家斐罗庞努士①，他反对托勒密的观点，在《宇宙的创造》（*De Opificio Mundi*）一书中，他这样说道："有谁能解释分点岁差②产生的原因呢？没人能说清宇宙中到底有多少星辰，没人能解释它们的颜色、位置和分布。就连一些十分常见的宇宙现象，我们对它们的起因都知之甚少，又怎么能奢求去解释一些复杂的甚至隐藏的宇宙现象呢？"斐罗庞努士讥讽那些托勒密的支持者："他们用几何图形的简单叠加去解释宇宙的运动，这完全是不切实际的幻想。"他已经隐约察觉到，当时对天文学的研究缺乏仪器的支撑。斐罗庞努士还认为，理论假设不应该与神学基础产生冲突，他假设空间是三维的并且是"空的"，尽管实际上在空间里总有物质的存在。正因为"空的"空间不具备承载天体的能力，我们便只能将宇宙中天体秩序看作是造物主的旨意。斐罗庞努士同意亚里士多德的观点，认为宇宙是有穷尽的，人类对宇宙的观测和研究也是有穷尽的。但在天体的性质上，斐罗庞努士却与亚里士多德及其支持者持不同意见，他认为，宇宙中的天体都有着类似的立体地层，既然地球上的土壤是可腐化的，那么天体上的土壤必然同样可腐化。这个观点用

---

① 斐罗庞努士（490—570）：拜占庭哲学家、神学家、科学家。

② 分点岁差：在天文学中是指以春分点或秋分点为参考系观测到的回归年（太阳连续两次通过春分点或秋分点的时间间隔）与恒星年（指地球绕太阳一周实际所需的时间）的时间差。

较为现代的语言来描述就是，地球的一些物理和化学定律在其他天体上依然适用。这样的观点在当时并未得到认可，但在几百年后但丁[①]的时代，却在欧洲学者中重新出现。就像当代科学史家克里斯蒂安·维德伯格所说："斐罗庞努士在他所处的时代几乎没什么影响力，但他的一些观点却在 16 世纪找到了肥沃的土壤。"[②]

在中世纪早期的几百年中，广为传播的知识寥寥无几，其中比较重要的是塞维利亚的主教、西哥特人依西多禄的思想体系。"依西多禄的思想体系为我们研究中世纪的思维方式起到了很好的引导作用。"[③]在他的杂说集《事物的本质》（De Natura Rerum）中，有一篇叫作《自由的车轮》（Liber Rotarum）的文章，里面引用了古希腊的一些宇宙学观点。这些观点最初是在公元 3 世纪由古罗马神话学者伊吉诺引进的，他用讲故事的方式向人们解释天空的性质，诗意地描述了每个星座的起源。依西多禄身上充满着日耳曼人所特有的想象力，比起托勒密的天文学计算结果，他更倾向于接受伊吉诺的观点。他认为："旋转的天空"并不能都用简化的图像来解

---

① 但丁（1265—1321）：意大利诗人，文艺复兴运动的先驱，现代意大利语的奠基者，著有长诗《神曲》（Divine Comedy）。

② 克里斯蒂安·维德伯格，《古代晚期的自然哲学》（Filosofia della Natura nella Tarda Antichità），选自《科学史》，意大利百科全书出版社，罗马，2001 年，第 4 卷。——原书注

③ 埃米尔·布雷耶，《中世纪的哲学》（La Filosofia del Medioevo），伊诺第出版社（Einaudi），都灵，1980 年。——原书注

释，它比人们想象的要复杂许多；星星是静止不动的，但它们距离地球的远近却不同，一些星星看起来小而暗淡，并不是因为它们本身如此，而是因为它们距离地球较远。依西多禄还在古典神话传说中加入了神学家卡西奥多罗斯的思想，后者是上一代基督教思想家的翘楚。卡西奥多罗斯认为，天文学作为研究天空的学科，必须顺应神的旨意，而宇宙万物以及其中隐藏的规律都具有神性。依西多禄将天文学的概念简化成对天体的描述和对天空的注视与思考，天文学研究成了神学家们的专利。在他遗留给后世的思想中，宇宙被符号化和象征化了。和托勒密一样，依西多禄的宇宙也是狭小的。

与依西多禄同时代的爱尔兰神甫科米安，尽管也有着基督教的思维方式，却意外地在非宗教领域取得了一些成果。根据一些不太确定的资料，他擅长复杂计算，曾致力于寻找阳历（在阳历中，1 年一般有 365 天，每隔 3 年则出现一次 1 年为 366 天）和阴历（在阴历中，每年有 364 天，由 13 个月球周期构成，每个周期 28 天）的一致性，并取得了一些进展。这在当时来说是十分先进的，然而他进行这项研究的目的却仅仅是为了明确礼拜日期和复活节日期。

大约 1 个世纪之后，一位在中世纪举足轻重的不列颠基督教思想家比德①登上了历史舞台。那时的整个欧洲，从

---

① 比德（672/673—735）：英国历史学家、神学家，被尊为"英国史学之父""英吉利学问之父"。

小亚细亚①到比利牛斯山脉，都在忙着抵御伊斯兰民族的入侵，不管是美索不达米亚还是埃及，许多有着上千年历史的研究中心关门大吉；而在欧洲北部，不列颠的"福祉之岛"上，一些收藏古典书籍的研究中心却侥幸保留了下来，比德就是在这样的研究中心学习和成长起来的。他并没有从天文学的角度发展希腊人的空间和几何认知，但是他的观点却和许多古典流派的思想如出一辙。在《自然的本质》（De Natura Rerum）一书中，他反复强调，地球并非平面，而是一个球体，同样的，我们头顶上的天体也是球体，而并非像盾牌一样的凹面。在托勒密体系提到的地球之外存在"九重天"的基础上，比德还增加了一个遥远、神秘莫测的"第十重天"。不过，那时人类的神学体系、认知能力和认知方法已经不允许他做出更多的解释了。

从"第十重天"这一概念的提出我们可以看到，比德意识到了人类认知的局限性，也意识到了"远处还有……"，这种思维对后人的意义超过了这个概念本身。

几代人之后，随着加洛林王朝②走向繁荣，科学研究也开始往比较系统的方向发展。人们引进了许多与天体运动有关的新的算术概念，尽管当时他们还不能真正体会到宇宙的

---

① 小亚细亚：亚洲西南部的一个半岛，现位于土耳其境内，北临黑海，西临爱琴海，南濒地中海，东接亚美尼亚高原。
② 加洛林王朝：8 世纪中叶到 10 世纪法兰克人在西欧建立的封建政权。

广阔，但是对空间的描述和探索却变得更加动态化、复杂化了。

　　阿尔琴[1]是查理曼[2]统治时期一位极负名望的学者，他的主要贡献之一是为皇帝兴办学校。这些学校的开办有着明确的政治目的：通过标准化的教育（包括文法、修辞、逻辑组成的"三科"以及算术、几何、天文、音乐组成的"四艺"）为日耳曼人中的基督徒驱除愚昧，提高领导阶级的知识水平。当时这些学校的教育主要是为了巩固已知的成果，并不鼓励学生真正投身研究。在意识形态上，阿尔琴大力抨击了诺斯替教的许多观点。阿尔琴所开辟的事业是值得肯定的，但就像所有为推行集权而采取的措施一样，它不以解放人的思想为目的，而是为了巩固特定思想的正统地位。阿尔琴在他唯一一篇与天体有关的文章中，论述了月球的运动，但论述的目的依然只是为了确定礼拜的日期。如果说比德让人们意识到了人类研究能力的局限性，那么阿尔琴则直接告诉人们，进行那些超出能力范围的研究是没有必要的。

　　在加洛林时代，有一位名叫拉邦·摩路的学者提出了一个有趣的空间观念，他认为天穹之所以看起来闪闪发光，是因为它的物理构成是坚固的冰。他的学生瓦拉福里德·史特

───────────

① 阿尔琴（约735—804）：中世纪英格兰神学家、教育家。

② 查理曼（约742—814）：史称查理大帝，法兰克王国加洛林王朝国王，神圣罗马帝国的奠基人。

拉伯①对这个观点公开持反对意见，他提出："天空不仅仅由人们可见的苍穹构成，苍穹之上还有'上苍'，它炙热无比，是上帝的居所。起名为'上苍'，是因为它无比光辉灿烂。"史特拉伯写过一本名为《小菜园》（*Orticello*）的书，这部作品确立了他在整个中世纪的声望，它不仅仅是一本草药手册，"小菜园"其实也是对可供学者探索的狭小空间的比喻。师徒二人从物质组成、温度、亮度等角度研究天空，这些在后来都被纳入天体物理学②的范畴，但是在当时人们却只能进行这样概念性、推测性的研究。

尽管当时人们的研究方向存在很多不确定性，但他们却渐渐地形成了一种内在的直觉，进而意识到：如果不借助实物工具，而只是煞费苦心地做数学计算，关于宇宙的认知是不会得到实质性发展的。

公元9世纪上半叶，维罗纳大教堂的一位神职人员——巴奇菲克设计并且制作了"夜行器"。它其实是一支观测管，支撑在直立的物体之上，可以伸向我们要观察的星辰。管子四周围绕着一圈刻度，当我们将它伸向北极星时，通过阅读刻度，即便不能测量出周围恒星的实际运动，也至少可以了解它们围绕极点的运动轨迹。一个多世纪之后，欧里亚克的

---

① 瓦拉福里德·史特拉伯（约808—849）：加洛林时代哲学家、教士、诗人。

② 天体物理学：天文学的一个分支，应用物理学的技术、方法和理论研究天体性质、结构和演化的学科。

葛培特（也就是教皇西尔维斯特二世）为自己配备了浑仪，这种仪器在当时还是十分少见的。他设计了许多天球的三维模型，并希望制作出一种他曾略有耳闻、却从未见过的仪器，这种仪器就是阿拉伯人早在此200年前就发明的星盘。

如前所述，中世纪初期的几百年对于西方文化来说，是一段漫长的衰退期和隔离期。与伊斯兰民族在天文观测和宇宙观念的拓展上所取得的辉煌成绩相比，西方文化的优越性消失殆尽了。

公元8世纪中叶，伊斯兰民族放慢了扩张的脚步，他们兼收并蓄，接纳并发展了许多被征服民族的优秀思想成果。740年，印度天文学家阿耶波多的著作被译成阿拉伯语；750年，萨伊德翻译了琐罗亚斯德教①的经典；785年，叙利亚学者埃德萨的特奥菲洛将希腊化时代的一些思想传入阿拉伯世界；约820年，托勒密的著作也开始在阿拉伯地区广为流传。我们以上列出的都是一些意义较为重大的实例，而实际上，公元9—10世纪近东地区阿拉伯人所书写的这段数学和天文学的传奇历史，要比我们的叙述更加光辉灿烂。

最初的数学和天文学研究都本着实用的目的，有的为了确定礼拜的规范（如礼拜时面朝的方向、礼拜时间所遵从的历法），有的为了方便制图，还有的则服务于占星术，然而研

---

① 琐罗亚斯德教：流行于古代波斯及中亚等地的宗教，中国史称祆教、火祆教、拜火教。

究所取得的成果却远远超出了这些目的。820 年，哈里发①马蒙②宣布在巴格达和大马士革成立国家研究院，数十名来自不同学科领域的学者在此协同合作，共同促进天文学的发展，这是历史上可考的最早由国家资助的合作性研究活动。正是在这样的环境中，文学家阿尔·哈加、数学家阿布·曼苏尔、天文学家阿尔·法干尼共同翻译了托勒密的作品，重新核实了他的计算过程，用更加精确的算法计算了地球的大小，并将目光投向了过分信奉经验主义的托勒密未曾注意到的一些现象。还有一些学者设计并制作出了辅助计算黄赤交角的象限仪。象限仪的命名与它的形状紧密相关，它由四分之一圆、一条垂直射线和一条水平射线构成，可以用相对精确的方式测量天体越过子午线时距离地面的高度，精确度的高低是由四分之一圆外侧的（手工）刻度槽决定的。为了减小刻度槽的误差，就要增大象限仪的尺寸，并将其固定在与地面垂直的墙面上。通过分析恒星（如太阳）在春/秋分和夏/冬至时所能达到的不同高度，可以计算出地球自转轴与地球绕太阳公转轨道平面的夹角。

曼苏尔的《科学汇总表》(*Tavole Verificate*) 和法干尼的《天体科学纲要》(*Compendio della Scienza degli Astri*) 从一开始就引用了托勒密《至大论》中的大量观点，但是这两

---

① 哈里发：历史上伊斯兰国家的统治者，阿拉伯语的音译，意为继承者、代理者。

② 马蒙（786—833）：阿巴斯王朝第七任哈里发，813—833 年在位。

部作品在写成后约 300 年才被传入欧洲。在《天体科学纲要》中，有一章专门讲述行星和地球间的距离，尽管其中只是用了一种近似的方式，却在极大程度上拓宽了天空的范围、修改了原有的空间秩序，这样的观点大概是当时的欧洲人所难以理解和接受的。对此，科学史家约翰·弗朗索瓦·欧德特是这样评价的："与启发他们的托勒密体系相比，阿拉伯天文学家在天体观测上取得了极大的进步。"随着观测实践和科学理论之间不断地相互渗透，托勒密体系也开始遭到一些质疑，但始终没有人能用新的体系和几何模型撼动它的正统地位。（这也向我们解释了为何在 700 多年后的欧洲，人们依然对托勒密的观点深信不疑，因为我们缺少对观测结果的理论归纳。）

并不是所有对计算和观测的改进都会扩大空间的概念，有时这反而会让空间缩小，比如巴格达学派最有名的科学家花拉子密就在测量后将地中海地区的经度范围缩小了 10 度，这让许多遵照托勒密算法的制图者们惊讶不已。可对于哈里发马蒙来说，这倒是一个很好的慰藉，因为这样安达卢西亚①辖区似乎距离位于两河流域的首都就没那么远了。花拉子密在很多领域都有所建树，他还是哈里发马蒙的图书管理员，负责整合各领域的研究成果。除了数量可观的研究成果（很多要归功于数学），近东地区的科学家们在研究方法上也取得

---

① 安达卢西亚：西班牙南部地区。

了新的突破：他们抛开宗教的偏见，搜集各个地区、各个时代不同的观点和信息，并用严谨的措辞将它们翻译成阿拉伯语，把经验主义的测量、纯数学计算与猜想假设以及新工具的使用结合起来，推动了研究的发展。我们不清楚发明和制作星盘的是怎样的一群人，却知道花拉子密给予了他们极高的评价。

　　科学的发展在这一时期获得了强大的推动力，这也影响了马蒙统治区之外的区域。公元9世纪中叶，东方的波斯地区涌现出一大批研究中心。摩洛哥的非斯①也成立了卡鲁因大学，这所大学由一名女性建立，近东地区的先进科学正是从这里传入西班牙，而后由西班牙传入整个欧洲。公元10世纪，天文学家巴塔尼②为了解释日食现象，重新测量了太阳和月球的视直径，并对当时人们广为接受的恒星的真实大小提出质疑。来自波斯的天文学家阿尔·苏菲第一次观测到了仙女座大星云③，用肉眼看上去它就像一片"小云"，他无法了

---

① 非斯：位于摩洛哥北部，是摩洛哥最早建立的阿拉伯城市，摩洛哥四大古皇城之一。

② 巴塔尼（约858—929）：阿拉伯天文学家、数学家，著有《萨比历数书》（ The Sabian Zij ）。他出身于仪器制造者家庭，曾在拉卡城进行了长达41年的天文观测。通过观测，他发现了托勒密《至大论》中的一些错误，发现了太阳远地点的进动。他还精确地测定了年长度、周年岁差和黄赤交角，并发展了球面三角学。

③ 仙女座大星云：现称仙女星系，位于仙女座方位的拥有巨大盘状结构的旋涡星系，在梅西耶星表中的编号为M31。

解这片"小云"的构成，却能直观地感受到它比天上的其他星星更加遥远。在其著作《恒星星座》（*La Forma delle Stelle Fisse*）中，苏菲描述了1 000多个星座，并附上了精细的配图，书中还用系统化的表格精确地记录了发光体的位置和亮度。苏菲不仅能够熟练使用星盘，还掌握了一种名叫"阿布萨哈尔箱"的工具。这种工具在美索不达米亚地区的文献中有所记载，它可以被看作是"增大版"的象限仪，由一个小箱和一个精确瞄准装置构成。然而，当时的天文学家们还是感受到了已有光学仪器的诸多不足。要想对托勒密体系进行大量精确的计算和修正，依靠当时已有的光学仪器几乎难以完成。科学家海什木①也意识到了这个问题。他提出光是由许多微粒构成的，为后来光子的发现提供了思路；他从解剖学的角度研究了眼球的构造，发现光线在眼腔内的反射与在暗室里是一样的，从而否定了"视觉是由从眼睛里发射出的光线反射回来而形成的"这种旧观念。他在几何学、天文学、医学等方面都有广泛建树，被誉为"第二个托勒密"、现代光学的奠基人。尽管海什木没有发明天文望远镜，但他的贡献不逊于此。对于每一项研究的过程和成果，他都会条理清晰地记录下来，然后进行科学的归纳整理。他断言，任何形式的宗教都会阻碍人们追求真理与和平，他也因此在国内遭受

---

① 海什木（965—1040）：阿拉伯物理学家、数学家。他批判经验主义，提倡科学实验，一生完成著作90余部，现存50余部，其中7卷本的《光学》（*Kitab al-Manazir*）是其代表作。

了迫害。但是，他的许多观点在数个世纪的时间里广为流传，因为其反对教条主义而在西方获得了极高的接受度。

公元 10 世纪末到 11 世纪初，波斯地区出现了一位名叫比鲁尼的学者，他提出了地球绕轴自转的假设，并且改进了地球半径的测量方法，精确测出了地球半径。比鲁尼通晓多国语言，在其关于宇宙和制图学的著作中，他融合了从中国到摩洛哥、从印度到希腊的一系列研究成果，构建了一个不折不扣的知识帝国。

尽管上述学者中没有一个对托勒密体系提出过正面驳斥，但他们都十分清楚，托勒密体系也是有可能出错的。

在东欧，由于拜占庭帝国的存在，古典时代的结束、中世纪的开端要发生得更晚一些，政权的更迭对科学文化的影响也相对较小。造成拜占庭帝国衰退的重大事件主要有：埃及和叙利亚地区领土的沦陷，斯拉夫人在巴尔干半岛的动乱，以及宗教战争（反圣象派①发动）导致的国内无政府主义状态。公元 9 世纪，帝国的首都君士坦丁堡出现了 4 处讲道场，它们设立的目的与阿尔琴之前的想法别无二致，都是为了宣传现有的知识，巩固帝国的政治统治。其中一处讲道场专门用来传播天文学知识，但是根据 A. 吉洪的观点："真正的天文学研究少得可怜，除了 854 年修订的星表和记录于 906 年

① 反圣象派：8—9 世纪在拜占庭帝国境内发展起来的反对圣象崇拜的基督教教派。

的一些行星运算，公元9—10世纪的天文学成果可谓一片空白……那时像《至大论》这样内容繁杂的作品很有可能是被束之高阁的。"此外，"在君士坦丁堡，统治者并没有像伊斯兰民族的哈里发一样，对天文学研究给予官方的支持"。

公元830年，帝国君主为了理解地理学家卡斯多里奥在近5个世纪前留下的地图册，不得不求助于爱尔兰学者迪奎尔。就像我们所说的，当时人们理解这些图像（比如我们熟知的彼得格地图，也就是12、13世纪古罗马军事路线图的摹本，得名于收藏者康纳德·彼得格）所面临的最大障碍，并不在于语言文字，而在于对概念的洞察和感知。

虽然这些研究只是基于制图的实用目的，与天文学并没有什么关联，但对于当时的人们来说，要将如此庞大的、超出人类感知能力的空间作为研究对象，难度依然很大。人们能理解的空间，仅限于肉眼可见的部分。

迪奎尔在《关于世界的测量》（*De Mensura Orbis Terrae*）一书中，以从特里尔①到罗马为例，启发人们理解距离的概念，但是他却忽视了实际的测量，只凭借符号化和象征化的方式去解释距离。他认为，从某种程度上讲，测量是无关紧要的，空间既不大也不小，它适合人类，就像上帝所希望的那样。

在一张精心制作的公元11—12世纪的英国地图（被称为圣杰罗姆平面地图）上，制图者虽然明显具备地理常识，

————————————
① 特里尔：德国西南部城市，德国最古老的城市之一。

但那些长久以来困扰着阿拉伯学者的数学问题，如比例尺、刻度、投影、坐标等，都不在他的考虑范围之内。同样来自英国的制图学者马修·派瑞斯①曾在一幅地图上做过这样的注释："如果纸张足够大的话，这个岛应该画得更远些。"

迪奎尔生活的年代要比派瑞斯早300多年，在迪奎尔编写《关于世界的测量》时，比例尺的概念得到了应用，迪奎尔正是用比例尺精确描绘了公元830年的圣加伦修道院②的平面地图。但为什么后人却不能效仿他，制作出精准的地图呢？其中一个解释是：教堂或是本笃会修道院占据的空间较小，同时又是圣地，因此格局比较规范，测量起来相对容易；而我们的地球却广袤无垠、遍布危险，测量起来要比教堂或修道院难得多。

维京人③是最后一批向外扩张的日耳曼人，他们从斯堪的纳维亚半岛出发，并没有像前人一样通过陆路直插罗马帝国的腹地，而是选择了走海路，但扩张的目的却和前人如出一辙，那就是抢劫和掠夺。公元9—10世纪，北欧的气候条件为航海的发展带来了得天独厚的优势，航海者们穿过黑海，

---

① 马修·派瑞斯（1200—1259）：制图学家、编年史学家，英格兰本笃会修士。

② 圣加伦修道院：位于瑞士东北部圣加仑州，加洛林时期修道院的典型代表。

③ 维京人：来自斯堪的纳维亚、丹麦和德国北部的日耳曼人分支，足迹遍及从欧洲大陆至北极的广阔疆域。

驶过顿河①、伏尔加河②，经过萨尔马泰人③的活动地区到达东方。他们还借着季风和洋流向西进发，到达了北大西洋沿岸的远东地区，触及美洲大陆。但是考虑到在航海中可能面临的风险，这些来自斯堪的纳维亚的航海者决定不再继续西行。根据波罗的海地区考古学家们的推测，他们将太阳定向仪固定在木质圆盘上，用来辨别方向。总体来说，北欧的航海者们虽然足迹遍布世界各地，却并没有对人类空间意识的拓宽做出任何贡献。

公元11世纪，丹麦人入侵爱尔兰，残存在修道院的最后一丝知识的火焰也随之熄灭了。995年，一位不知名的僧人更新了当时的世界地图，冰岛首次被绘制在地图的左上角。这份地图呈矩形，且对方向有着明确的标注，与之前内接在圆环里的T字形地图相比，它展示出创新的制图概念，但这在当时却并未引起人们的注意。

---

① 顿河：俄罗斯欧洲部分的第三大河，部分支流在乌克兰境内。

② 伏尔加河：位于俄罗斯西南部，是欧洲最长的河流，也是世界最长的内流河，注入里海。

③ 萨尔马泰人：公元前4世纪至公元4世纪时占据南俄草原及巴尔干东部地区的居民，主要在伏尔加河下游和德涅斯特河之间活动。在萨尔马泰人称霸时期，所有南俄草原部族都接受其文化，其影响广及黑海沿岸及其以西地区。

第五章

Part 5

中世纪中期

人们在习惯上不会将公元1000年后的几个世纪看作一段启蒙时期，但实际上在现代西方思维发展的初期，也就是文艺复兴时期，人们认知的基础和前提都是在这看似焦虑不安的几个世纪中确定的。新的理论和思维习惯、新的研究工具和系统化的概念像水流一般，汇入欧洲人的认知体系，它们开始只是涓涓细流，而后越发湍急，如洪水猛兽般席卷整个欧洲。这些认知大多数来自古希腊和古罗马的记载，但当时的人们并未把它们当作古老的文献资料，而是当作全新的发现。这些新发现让他们感到措手不及，也预示着未来的发展和创新。这些知识的水流并不是稳定而平缓的，它们在流经之处形成了旋涡、洪水和沼泽，直到形成一条航道。欧洲的学者，尤其是16世纪的天文学家们，在这条航道中乘风破浪，最终驶入碧蓝色的知识海洋。

10世纪末，在位于加泰罗尼亚和摩尔人统治的西班牙交界处的里波尔修道院，已经有人开始收集甚至是翻译阿拉伯人的作品。这些作品大多是关于天文学仪器制作的，想要使用这些仪器，就必须对制作理论有较深的理解。根据历史信件记载，公元 984 年，教皇西尔维斯特二世向赫罗纳地区的区域主教索要一份阿拉伯算术文本的摹本，这份摹本可能出自一位通晓拉丁语的犹太人——约瑟夫·希斯帕尼古斯之手。西尔维斯特二世的真正目的是获取星盘的使用方法，那时他对星盘也只是略有耳闻，但他明白，这种全新的工具可以帮助基督徒们拓宽对天空的认知，而想要使用它，必须拥有完备的算术知识。我们可以看出，西方人在汲取阿拉伯人先进的知识时，许多错综复杂的问题也一步步凸显了出来。转译、音译、算术符号以及数学概念的引入，都为知识在欧洲的传播造成了阻碍。

　　希斯帕尼古斯在上述摹本中已经对印度－阿拉伯数字系统的使用做出了介绍。如若在列日①发现的星盘真的可以追溯到 1025 年，那就足以说明当时的欧洲人已经基本掌握了星盘的使用技术，但对他们来说，星盘作为一种舶来品，大概是一种神秘莫测的新奇事物。

　　在天文学发展史上，有一个不容忽视的议题，也是本书所着重论述的部分，那就是人类对天空大小的感知。显然，对空间和距离的测量与计算都需要通过数字来表示，印度－阿拉伯数字系统中涉及一些习惯使用罗马数字的欧洲人从未

---

① 列日：建于 8 世纪，今属比利时。

接触过的概念，如小数、分数、幂。使用阿拉伯数字替代罗马数字的过程也伴随着问题。西班牙翻译家乌戈·桑塔耶在11世纪末、12世纪初翻译了花拉子密的星象图，在图中，他选择了用罗马数字对阿拉伯数字做近似处理，他认为"智慧是那些被上帝选中的少数人所拥有的特权"，这个世界不需要高精确度。这样的观念也与政治环境的改变有很大关系，那时已经不再有教皇西尔维斯特二世的开明统治，取而代之的是第一次十字军东征所带来的战争氛围。

到1115年时，战争氛围已经有所缓和。这一年，斯特凡诺·达·比萨翻译了《万物的约定》(*Kitab al Malik*)一书，保留了原始的阿拉伯计数方式。这种计数方式与西方的标记计数法（也就是马格里布计数法①和西班牙计数法②）不同，它可以借助算盘在买卖中得到很好的运用。显然，阿拉伯数字的引入提高了计算的精确度。但是，对于许多依然习惯使用罗马数字的学者来说，这种数字理解起来却十分困难。

12世纪的比萨，商业一片繁荣，而列奥纳多·皮萨诺③，

① 马格里布计数法：盛行于非洲西北部、摩洛哥、阿尔及利亚、突尼斯等地的一种标记计数法。

② 西班牙计数法：盛行于西班牙的一种标记计数法。

③ 列奥纳多·皮萨诺（1175—1250）：又名斐波那契，意大利数学家，12—13世纪欧洲数学界的代表人物，他以兔子繁殖为例引入了著名的斐波那契数列。他最重要的著作是《计算之书》(*Liber Abbaci*)，其中包含许多埃及、印度、希腊、中国与阿拉伯的数学知识，被誉为中世纪欧洲数学的"百科全书"。

也就是著名的数学家斐波那契，正是出生于这一时期。斐波那契的父亲是一位叫作波那齐奥的商人，早年曾在北非做生意。1202 年，斐波那契系统地整理了阿拉伯数字的写法以及用法，出版了远近闻名的《计算之书》。然而，"有必要提到的是，这些全新的数字在使用时并没有得到掌权者的青睐，而是遭到了强烈的反对。它们在形式上并不像罗马数字那样，能够给人带来确定性、规律性的错觉，这种数字不利于掌权者们对思想的控制"[1]。甚至在 1299 年，佛罗伦萨政府还重申了禁止使用阿拉伯数字的禁令。

我们大费周章地叙述了阿拉伯数字的使用过程，而较少地介绍它们指代的数值，主要是为了说明 12 世纪翻译的大量天文学领域作品在数字精确度上是相对欠缺的。这一时期真正重要的是，西方人开始重新建立起数百年来被忽视的宇宙观念，这种觉醒对他们来说是十分重要的。

1143 年，在比萨出现了用拉丁语填写的星盘使用表，同年比萨人勃艮第奥·皮萨诺被遣往君士坦丁堡，翻译那里保存的古希腊天文学著作。但是，如我们之前所说，在君士坦丁堡，真正被保存下来的古希腊素材寥寥无几。此外，这次

---

① 吉诺·罗里亚，《从文明的发轫期至 19 世纪末的数学发展史》（*Storia delle Matematiche dall' Alba delle Civiltà al Tramonto del XIX Secolo*），霍艾比利出版社（*Hoepli*），米兰，1950 年。——原书注

学术之旅的赞助人——绰号"红胡子"的腓特烈一世①，其实更感兴趣的不是天文学著作，而是贸易往来的相关信息。

另外一些学者与勃艮第奥·皮萨诺相比可谓另辟蹊径，他们将注意力投向西面，通过翻译古希腊著作的阿拉伯语和希伯来语译本，去接近古希腊人的思想，并在研究中取得了更为骄人的成绩。克吕尼修道院②历来在教皇统治下的各地都设有分院，西班牙被从阿拉伯人手中收复后，分院也随之设到了这里。那时号称文化之都的托莱多③刚刚被收复，克吕尼修道院就在那里顺势开展了一场名副其实的科学典籍的搜集、筛选和翻译活动。在托莱多，蒂沃利的柏拉图率先为克吕尼修道院翻译了阿拉伯天文学家巴塔尼的作品，从中收集到托勒密一些散失已久的观点。

蒂沃利的柏拉图卒于1143年，第二年，又一位拉丁学者盖拉尔多从克雷莫纳被遣至托莱多。盖拉尔多翻译了托勒密的《至大论》并促进了这部作品在整个欧洲的传播。通过盖拉尔多和其追随者们的努力，这部在古希腊科学中被奉为权威的著作重新被当时的欧洲学者们接受了。盖拉尔多的工

---

① 腓特烈一世（1122—1190）：也被称为"红胡子"或"巴巴罗萨"，欧洲中世纪神圣罗马帝国的皇帝，也是德意志历史上著名的政治家、军事家。

② 克吕尼修道院：910年在法国勃艮第大区索恩－卢瓦尔省建立的天主教修道院。

③ 托莱多：西班牙中部城市，东北距马德里约70千米。

作持续到了 1175 年，他扎根托莱多，协调不同民族、不同语言以及不同信仰的学者的翻译工作，将阿拉伯民族的科学著作带到欧洲。

尽管之前流传较广的一些观念会对这些著作的传播带来轻微的阻碍，但是西方的学术圈依然百无禁忌地接受了数量庞大的新知识。这一时期，人们的宇宙观念得到了拓宽，思想也变得更为开放了。

托勒密体系重新回归人们的视野，展现出规律化、可感知、易理解的特点。该体系认为天空是分等级的，这种分级非常符合政治和宗教领域掌权者的思维方式。此外，身处一个充满动荡冲突、规则不断变化的世界，托勒密体系的简单和规律可以让人安心。

在盖拉尔多的追随者中，有一位托莱多的神职人员，名叫多明戈·古迪萨尔维（卒于 1190 年），他对阿拉伯科学家阿威罗伊①在著作中提到的亚里士多德的理论十分感兴趣。这些理论在一开始完全属于科学范畴，而经过他的努力，亚里士多德主义开始向宗教领域渗透。

米凯莱·斯科特②是教皇的忠心追随者。1230 年，他完

---

① 阿威罗伊（1126—1198）：又名伊本·路世德，阿拉伯哲学家、教法学家、医学家。他对亚里士多德的全部哲学著作进行了翻译和注释，被誉为"亚里士多德的伟大注释家"。

② 米凯莱·斯科特（约 1175—约 1232）：苏格兰哲学家、占星学家、翻译家。

成了阿威罗伊全部著作的翻译，同时翻译了阿尔佩特拉吉斯（卒于约 1210 年）的《天空》（De Coelo）。他将亚里士多德宇宙观念中与基督教相适应的部分做了宗教化处理：阿威罗伊主义在那时还没有被当作不可更改的信条，但已经成为一门成熟的学说，并对异己表现出了排斥的倾向。尽管存在一些限制，但那时的学术研究依旧是自由的。

13 世纪上半叶，一位杰出的英国学者，也是林肯①的主教——罗伯特·格罗斯泰斯特②翻译了保存在君士坦丁堡的希腊语文献，那时东罗马帝国实际上从属于法国，这为欧洲人的访学创造了得天独厚的条件。格罗斯泰斯特是第一个对亚里士多德的《物理学》（Fisica）做出评注的人。他意识到很多作品在阿拉伯语、希腊语和希伯来语的不同翻译版本中，都对数值做了近似化处理，这必然会导致理解的偏差。因此他提出，数学是研究自然科学的首要学科，精确地表示数值在研究中承担着至关重要的作用。他还提出，人类如果想进一步观测天空，那么光学仪器的使用和改进是十分必要的。由于受到工具的限制，格罗斯泰斯特只能将自己对天体的观测局限于月球，但这足以促使他通过归纳法假设地球和天空中的其他天体具有相似性。几个世纪后，这种相似性假设被

---

① 林肯：英国东部城市。

② 罗伯特·格罗斯泰斯特（约 1175—1253）：英国政治家、经院哲学家、神学家，曾在巴黎大学学习神学，后在牛津大学学习和任教。

人们证实。

依旧是在英国，有一位著名的学者——约翰·萨克罗博斯科，他是方济各会①士，也是巴黎大学的教授。他致力于传播托勒密体系，尤其关注天体的球状特征。他大力支持阿拉伯数字在科学作品中的使用（他曾说："连商人们都已经彻底摒弃罗马数字了，我们还在等什么呢？"），支持为阿拉伯数字创造出操作性强的算法，主张重新核实前人的地理学和天文学测量数据。

经过萨克罗博斯科的努力，人们对地面和天空的认知更为准确和统一。人们开始普遍认为地球是一个球体，许多天体环绕着它做圆周运动。那时在欧洲，许多绘图员为了观察地球的形状，依然采取登高远眺这种原始的方式，由此看来，能在大多数人中建立这样的观念实属不易。

与格罗斯泰斯特和萨克罗博斯科同为方济各会士的罗杰·培根，同时也是他们两人的追随者。从格罗斯泰斯特那里，他意识到条理性的实验在研究中的必要性。那时，眼镜在欧洲的使用日益普遍，培根非常敏锐地联想到，通过对镜片的适当组合，极有可能制成天文望远镜。他在学术领域所做出的更大贡献在于：大力呼吁当时的学者们学习阿拉伯语，从而避免了希腊语或希伯来语译本给人们带来的不必要的

---

① 方济各会：天主教托钵修会之一，1209 年方济各得到教皇英诺森三世的批准而成立。

误导。

马略卡岛人拉蒙·柳利①也认为实验是很有必要的，他反对阿威罗伊主义，认为学术研究的目的并不是为了建立一些不容更改的教条。作为一位融合了各派观点的折中主义思想家，他的著作《论天文学》（*Trattato di Astronomia*）却被贬低和曲解成"巫师的浑话"。实际上，在长达 2 个世纪的翻译工作中，编辑的混乱、字句的增添、修道院对内容的操控等因素都降低了该文本的可信度，但这项庞大的工程依然是当时社会思想解放的重要标志。在帕尔马的帕拉迪那图书馆②中，保留着波斯学者拉齐的一本天文学作品（13 世纪的希伯来语手抄本），这本书的编辑在书的边缘这样写道："为什么人们会相信这些无稽之谈呢？"

这些"无稽之谈"究竟影响了谁，我们无从得知。但是在 13 世纪中期的几十年里，阿威罗伊的作品中提到的亚里士多德主义却被多明我会③广泛接受，他们把亚里士多德的思想纳入神学体系，用来指导包括科学在内的所有学科。那时著

---

① 拉蒙·柳利（1232—1315）：西班牙作家、神学家、占星学家、逻辑学家。

② 帕拉迪那图书馆：坐落于意大利帕尔马的皮洛塔宫，现为意大利最重要的国立图书馆之一。

③ 多明我会：天主教托钵修会之一，1217 年由西班牙人多明我创立，除传教外，主要致力于高等教育。

名的多明我会士主要有穆尔贝克的威廉和托马斯·阿奎那①。穆尔贝克的威廉不仅是一位伟大的旅行家，还是作家和翻译家，他翻译了阿基米德和斐罗庞努士的希腊语著作，研究了光的折射并著有相关作品。他认为，光学仪器是探索天空的基础。阿奎那与穆尔贝克的威廉是同事，但两个人在学术研究上有着根本的不同，前者是推动科学发展的宗教学者，后者则是渴望建立教条的神职人员。

关于这个对古代学术成果广为接受的时代，杰奎林·汉莫森如此评价道："总的来说，在实验科学缓步发展的时期，突出以书面的形式传播科学理论，是十分恰当的做法。尽管当时东西方接触日益频繁，但理论和实践之间还是存在着很大的鸿沟。这种特殊的知识传播方式在西方催生了一种本土科学，学者们汲取了希腊人和阿拉伯人的观点，但又能够从这些观点中跳脱出来，建立起一种具有明显个人烙印的思维体系。该体系在建立的过程中与实践完美结合，它是主动思考和个人经历共同作用的结果。"

实际上，中世纪中期与之后的几个世纪相比，是一段思想相对自由的时期，因为当时亚里士多德主义还并没有成为所谓的"最高权威"：1277 年，教会对亚里士多德主义的 200

---

① 托马斯·阿奎纳（约 1225—1274）：中世纪经院哲学的哲学家、神学家。他把理性引进神学，用"自然法则"来论证"君权神圣说"，是自然神学最早的提倡者之一，也是托马斯哲学学派的创立者。他最知名的著作是《神学大全》（Summa theologiae）。

多条观点进行了抨击，尤其是针对该主义关于自然哲学的一些主张。直到 16 世纪，阿奎那融合了基督教信仰与亚里士多德哲学的思维体系被教会奉为真理（实际上，教会在 1325 年就已经承认了该体系，但由于圣方济各派的阻挠，许多人对这一体系持怀疑态度），亚里士多德的观点才被人们广泛接受。汉莫森所提到的那些具有明显个人烙印的观点在当时不断发散，但它们中的大多数只是富有想象力的空想，只有少数可以被当作真正的科学。

这些观点并非都是毫无意义的，有必要说明的一点是，它们虽然没有给当时的人们以足够的真理的启迪，却在问世 200 多年后，为伽利略的思考提供了基础。

但丁在《天堂篇》（*Paradiso*，《神曲》的第三篇）第二、第三章中的描述也是如此。他在写成此长诗之时就明白，读者面对诗中的一些内容时会产生理解上的困难，因为这和人们广泛接受的许多观念相去甚远。那时，普通文化水平的人所掌握的知识大多来自圣维克托的乌戈①所著的《学习论》（*Didascalion*）。

但丁试图把目光投向天文学领域，并带来了一些惊喜的发现。在一个借助手工反射镜的实验中，他向人们展示了光的反射原理，证明月球实际上和地球一样，是一个会腐化的、表面凹凸不平的固态球体。他还提到，光线是不会随着传播

---

① 圣维克托的乌戈（约 1096—1141）：法国神学家、哲学家、红衣主教。

距离的增加而消散的。因此，涉及上述实验的《天堂篇》的第二章也有了"月亮之章"的别称。

然而，比这项著名实验更有趣的是但丁在下一章中的描述。这一章里那句有名的"尝试，再试"在伽利略死后不久被西芒托学院①当作院训。同样是这一章中，有句话这样写道："没有直觉指引，真理便无法展翅翱翔。"这大概是但丁对经验主义的一种肯定和赞扬，这和当时阿奎那学派的纯粹理性主义在思想上是针锋相对的。

当时，同心天球的宇宙模型②在学术圈已经被广为接受，在可感知的空间范围内，甚至被当作一种直观的、显而易见的规律，对此但丁一直采取接受的态度。但如果冲破这一范围呢？但丁在一开始就告诫读者，在接受他的一些观点时需要采取谨慎的态度，因为在《天堂篇》第三章中他向读者描述的是一个闻所未闻的空间。

虽然但丁的描述算不上是一种空间模型，也不属于现代意义的科学理论，仅仅是想象力和直觉的发散与膨胀，却产生了巨大的影响力。根据但丁的推理，天球之外的空间是无穷无尽的，在这无穷无尽的空间中，上帝是无形的，他无处不在。不管是中心、距离还是欧几里得学说中的三维概念，

---

① 西芒托学院：欧洲早期的科学社团，由伽利略的学生乔瓦尼·阿方索·博雷利与温琴佐·维维亚尼于 1657 年在佛罗伦萨创立。

② 同心天球的宇宙模型：地球位于宇宙中心、其他天球绕其做圆周运动的宇宙模型。

在那里都不复存在了，"天球之外处处是天堂"。

但丁从当时人们理解的宇宙中跳脱出来，抛开有规律可循的、易于理解的托勒密体系，用颠覆性的观念带领读者进入了一个全新的"天外空间"，极大地扩展了宇宙的界限。在但丁的"天外空间"里，空间的概念已经失去了意义，空间不再是确定的，它无法测量，更无法进行理论归纳。但丁的观点属于神学的范畴，他使用的语言也充满了诗意和神秘色彩，在这样的作品中，再怎么发挥想象力也不为过。考虑到这些构想居然诞生在 14 世纪初，这本身就足以令人惊讶。3个世纪后，伽利略重新解读了但丁的宇宙观，尽管他对此也存在一些疑惑，却让这些观点得到了很好的继承①。

---

① 2015 年 12 月，在佛罗伦萨艺术与绘画学院召开的一次会议上，当时阿切特里天文台的台长弗朗切斯科·帕拉引用了但丁"天外空间"的观点，并对这位伟大的诗人进行了深情的缅怀。——原书注

Part 6

第六章

从中世纪晚期到哥白尼时代

一直以来，我们普遍认为，中世纪晚期人类在旅行和对地球的探索方面取得了辉煌的成绩，而在对天空的探索上，收获却寥寥无几。确实，不管是马可·波罗在东方充满传奇色彩的经历，还是阿拉伯人在印度洋的航海活动，或是葡萄牙历任国王面向非洲以及大西洋的航海活动（在驶向大西洋的过程中，葡萄牙人发现了亚速尔群岛①），都刷新着人们对地球空间的原有认知。这些探索带给人们的震撼，是当时少数思想家关于天空的"猜想"所难以企及的。

毫无疑问，中世纪晚期的人们普遍认识到，我们生活的地球要比托勒密所描述的更为宽广。显然，这种意识的更新并非得益于科学猜测，与数学发展所带来的地理学计算中精确度的提高也没有什么联系，真正发挥作用的是商业企业的

① 亚速尔群岛：北大西洋中东部火山群岛，东距葡萄牙本土 1300～1500
千米，包括 9 个主要岛屿，是葡萄牙著名的度假胜地。

扩张。商人们不断扩大自身的活动范围，在无形中探索着空间。除了当时有利的气候条件，商人们还掌握了一样重要的工具，这种工具简便、安全且毫无神秘色彩，它就是罗盘，以上因素使他们的长途跋涉成为可能。科学家、旅行家马里古的皮埃尔在 1270 年左右曾经对罗盘这一工具有过描述。马里古的皮埃尔的描述并没有局限在罗盘的使用方法上，他以地球绕轴自转为前提，深入研究了磁极理论，剖析了罗盘的运作方式。他还一改此前的中世纪制图者们对两极的叫法，第一次引入了"南极"和"北极"的概念（在马里古的皮埃尔之前，两极的名字是用风的名字命名的，北极叫作波雷亚，南极叫作奥乌斯德罗）。

但在当时，马里古的皮埃尔的这些思考并没有引起威尼斯商队和像伊本·白图泰[1]这样的航海家们的重视，他们还是倾向于通过地理上的参照物来确定出行路线，用一天或一个太阴月[2]这样的时间单位来计算走过的路程。

直到 14 世纪，一些制图者们开始用图解的方式展示一些出行信息，这时，一些常规的地理符号、测量单位、方向标、经纬网格等才重新被纳入考量。几个世纪前的地图正在逐渐被否定，人们又是如何在新旧地图之间找到平衡的呢？

----

[1] 伊本·白图泰（1304—1377）：摩洛哥大旅行家，他几乎踏遍了当时伊斯兰世界的每一个国家，著有《伊本·白图泰游记》（*Rihlah*）。

[2] 太阴月：又称朔望月，1 个朔望月等于 29 天 12 小时 44 分 2.8 秒（约 29.5 天）。

如何能使新的数据不与旧的数据产生矛盾，从而捍卫所谓的
"权威观点"呢？

　　为了使东西教会①达成共识，一场宗教全体会议在意大
利召开。会后不久，一些希腊人带来的不知名地图在佛罗
伦萨逐渐传开。数学家保罗·托斯卡内利②在他的朋友尼古
拉·库萨诺③（当时的红衣主教，同时也是那场宗教会议的
主要人物之一）的帮助下，仔细研究了这些地图。尽管拥有
库萨诺这样一个思想极为开放的朋友作为协助，托斯卡内利
依然没能完全冲破概念上的禁锢。当时埃拉托色尼的许多作
品已经散失，托斯卡内利自然也就没能接触到其关于地球的
计算结果。托斯卡内利通过计算指出，从热那亚的海岸出发，
向西航行不远的距离便可到达东印度群岛，他的评估为哥伦
布所知悉。正如我们常说的，这是一个"幸运的错误"，如果
不是低估了地球的大小，哥伦布或许就不会出海，这样一来
也许就没有新大陆的发现了。

　　和之前被缩小的空间观念相比，在中世纪晚期，人们对

① 东西教会：君士坦丁堡教会和罗马教会。

② 保罗·托斯卡内利（1397—1482）：意大利数学家、天文学家，他根
　据多年的计算结果断定，由欧洲向西航行可以到达亚洲（而实际距离
　比其计算结果大），这对哥伦布的航海计划产生了重要影响。

③ 尼古拉·库萨诺（1401—1464）：生于特里夫斯附近的库萨，故又称
　库萨的尼古拉，中世纪晚期德意志哲学家，罗马天主教会的高级教士。
　他在处理教会事务之余，开展数学和自然科学研究，其哲学成果对后
　来的布鲁诺、莱布尼茨、黑格尔等人思想的形成有深刻影响。

空间的认知确实取得了极大的进步。虽然正式的测量和制图工作还没有完全开展，但人类已经本能地意识到，我们生活的地球要比所谓"权威观点"中描述的更为宽广。

然而，在 14 和 15 世纪，由于光学仪器的严重匮乏，人们对天空的观测似乎停滞不前了。包括历史学家艾曼纽·波尔在内的许多人甚至认为，当时的人们几乎没有进行天文观测。实际上，那时不管在西方还是东方，浑仪、星盘、日晷等新旧观测工具的使用都已经相当普及。穿透器（traguardi）的使用也已经被考古学家证实，它由数根相互平行且带有小孔的棍棒构成，天体发射出的光线穿过小孔，变成易于观察的光束，观测者只要站在固定位置，通过观察光的移动，便可以得知光源（也就是天体）的运动情况。象限仪的使用也越来越精细：在佛罗伦萨 14 世纪建成的乔托钟楼[①]上，托斯卡内利曾手持改进过的象限仪观测天空。他的做法启发了第谷·布拉赫，后者设计了一系列与象限仪十分类似的工具，并在 1598 年出版的作品《新天文学仪器》（*Astronomiae Instauratae Mechanica*）中对它们进行了详细的描述。第谷为人类留下了大量的天文观测数据，对数据的准确性更是反复求证，他是历史上最伟大的用肉眼观测天空的天文学家之一。他构想并且制作出一系列可以提高天文观测精度的工具，先

---

① 乔托钟楼：佛罗伦萨花之圣母大教堂旁边的钟楼，由建筑师、画家乔托设计，因而得名。

后在乌兰尼堡天文台①和星堡观测台②将其投入使用。有了这些工具，人们可以更好地推测天体的位置和运动轨迹。第谷的观测数据，不管在数量上还是在精度上，都为后人对托勒密宇宙体系的修正埋下了思考的种子。

14 世纪发明的最重要的测量工具出自列维·本·吉尔松③，文献中常使用其希腊化名字吉尔松尼德。1342 年，这位多才多艺且极具独创性的思想家将自己的天文学作品翻译成拉丁语，受到了当时身处阿维尼翁④的教皇克雷芒六世的赏识，在教皇的帮助下，这部作品得以出版。在书中，他提到一种名为"雅各布之杖"（Bastone di Giacobbe）的工具，实际上它是通过几何思维构想出来的测量天体之间角距离的简易仪器，并不具备像之前的夜行器以及后来的天文望远镜一样的光学特性。这种"量角器"可以测出任意两颗星星发出的射线在地面上某点形成的夹角。因为地面上位置的差异并不会对测量结果造成任何影响，所以可以避免地面参照物以及观测者位置改变所带来的误差。此外，吉尔松尼德为了提高刻度尺读数的准确性，还在这种量角器上标出了许多连续的

----

① 乌兰尼堡天文台：又称天文堡，第谷在丹麦国王腓特烈二世的资助下于汶岛建立的天文台。

② 星堡观测台：第谷在乌兰尼堡观测台旁边建起的第二座天文台。

③ 列维·本·吉尔松（1288—1344）：法国天文学家、哲学家、数学家、神学家。

④ 阿维尼翁：法国南部城市。

斜线和横线，这被人们看作是游标的前身。在他死后 200 多年，第谷推广使用了这种线条，并将其命名为梯度线。皮埃尔·韦尼耶受到他们的启发，发明了可以测量单位距离的仪器——游标卡尺。

除此之外，吉尔松尼德在数学计算以及计算结果的归纳上也做出了杰出的贡献。他认为，星星的排布并非像托勒密所描述的那样，全部处在同一个移动的球面上，星星之间的距离比人们之前想象的要远出数十亿甚至上百亿倍，如果我们用现代距离单位来描述的话，这个数值大约有 100 光年。他和伽利略的做法一样，下意识地用数学计算来支持自己的观测工作，不过那时人们很多时候只能用肉眼观测，因此能看到的东西少之又少。吉尔松尼德还注意到了火星亮度的变化，在托勒密体系中，这一现象可以用本轮的理论加以阐释，但是他却发现托勒密的理论和实际之间存在一些矛盾，因此尝试对本轮的理论进行改进。当然，这项工作最后被证明是徒劳无功的，但值得称赞的是，吉尔松尼德并没有把当时通行的宇宙体系看作不可更改的教条，而是把它当作一套需要靠实验验证的理论。他的理论于 14 世纪中叶发表，其间并没有受到教会的任何阻碍。

为什么吉尔松尼德的新方法、新观点发表得如此顺利，却没有为人类对浩瀚宇宙的感知做出应有的推动呢？可能的原因是当时不稳定的政治局势，科学家的成就无法得到客观公正的评价。吉尔松尼德去世后不久，天主教会分裂出阿维尼翁派和罗马派两大阵营①，他们将各自掌握的学者的数量纳入双方的竞争范围，而吉尔松尼德的观点得到了阿维尼翁派的重点支持。当时，支持罗马教皇的学者主要是多明我会士，他们对在亚里士多德影响下、以托勒密体系为基础形成的阿奎那的经院哲学深信不疑。那并不是一个致力于答疑解惑的时代，人们需要的依然是一些概括性的、能让人安心的观点。吉尔松尼德的观点遭到了阿奎那的支持者们的强烈抨击，被当作是犹太教的无稽之谈。

15世纪，西方各种先进思想得以兴起。这一时期，对地球空间进行图形化描述的制图学取得了长足发展，提到这个，就不能不讲到数学知识在具象艺术和建筑领域的应用。

来自托斯卡纳的卢卡·帕西奥利②是当时对艺术家们影响最为深远的数学家。他在算术、立体几何以及黄金分割比（他称其为"神圣的比例"）研究等领域都颇有建树，其许多观点在后来构成了绘画理论的基础，在它们的指导下，许多看似不可想象的杰作诞生了。多纳托·伯拉孟特为圣沙弟乐圣母堂③所作的天顶画就是一个很好的例子：整个教堂呈T

① 1378—1417年，因为法国与德国、意大利争夺对教廷的控制权，从而造成有2个甚至3个教皇鼎立的分裂局面，史称天主教会大分裂。

② 卢卡·帕西奥利（1445—1517）：意大利数学家，列奥纳多·达·芬奇的好友。他在意大利各处的教学活动和编写的教材大大影响了后来的数学教学和研究，其著作中对复式记账法的记载和研究被认为是会计学的开端，故其被尊称为"会计学之父"。

③ 圣沙弟乐圣母堂：意大利米兰的一座罗马天主教堂。

字形，给走进来的人一种强烈的纵深感，犹如一个拉丁十字。在装饰画中，透视技法的使用已经十分多样化，不管是在桌子上还是墙上，都能找到透视的影子。透视效果的应用促使新兴的现代剧场中产生了舞台布景艺术，现在我们常称其为"特效"。

当时的艺术家们力求把握好视角和消失点在作品中起到的作用，经过几个世纪的努力，人们终于掌握了精湛的透视技巧，在着色和上阴影时严格遵循算术和几何规律，营造出一种视觉假象。这些在透视上的思考本来只是幻术师设下的幻术，却无意中启发了数学思维与天文观测。17世纪的科学家胡安·卡拉穆埃尔是一个全方位的天才人物，他通过研究美第奇卫星①，设计了一种大理石质的椭圆刻度仪器，进而提出"斜向建筑"（architettura obliqua）的概念。也就是说，想要准确地"感知"（也就是人脑的解码过程）一个三维物体，就要将其放入一个所谓的"斜向空间"（spazio obliquo）。

直到20世纪，雕刻家、绘图学家莫里茨·埃舍尔②绘制出许多不可能建造出来的建筑的模型，人们才意识到像卡拉穆埃尔那样的感知方式是不可行的。

---

① 美第奇卫星：为了感谢美第奇家族的帮助，伽利略将木星最大、最亮的4颗卫星命名为"美第奇卫星"。

② 莫里茨·埃舍尔（1898—1972）：荷兰版画家，因其绘画作品中浓厚的数学特质而闻名。在他的作品中，可以看到对分形、对称、密铺平面、双曲几何和多面体等数学概念的形象表达。

15世纪活跃着一群杰出的学者，他们重新审视了日心说这一革命性、颠覆性且有些令人难以接受的观点（其中许多内容让人们在地心说和日心说之间左右摇摆，因此日心说也并非完全不能被接受），承认宇宙并非像托勒密描述的那样，是一个完美的、规则的存在。因为宇宙的不完美、不规则，人们只能用近似的方法去理解它，研究的范围也仅限于离我们较近的星体。

在当时，重新提出日心说的是德国学者库斯（1401年生于德国特里尔，1464年卒于意大利托迪），也就是我们前面提到过的库萨诺。说到他的思想，就不能不提到他在一生中所具有的多重身份，因为其身份对其思想有着重要影响。在罗马，他是一名高级教士（红衣主教）、外交官，承担军队和教会的战略指挥工作，在宗教会议上有着举足轻重的地位，还充当过异教徒的迫害者的角色；他是激进的数学家、天文学家、宗教哲学家、职业政客，也是一位人文主义者。库萨诺的宇宙观在一定程度上是这些身份的综合体现，身份的局限性同时也决定了他对托勒密体系和阿威罗伊主义的驳斥是不够彻底的。总的来说，库萨诺认为，地球在自转的同时绕太阳公转，而太阳也只是宇宙成千上万颗恒星中的一颗。他的理论又一次告诉人们人类并非处于宇宙中心，虽然相似的观点自古以来就一直存在，但对此人们一直无法相信，仅仅是因为这与我们的直观感受相悖。日心说是对距离我们相对较近的空间的理论概括，而库萨诺却将注意力转向了更深的层次。他指出，太阳系这一概念的提出仅仅是为了方便理解宇宙，一个很可能是无限大的宇宙，它不受中心、距离、计量单位、形状等几何概念的约束。这一观点与但丁非常相似，只是但丁将自己置身于神学思维中，用诗意的语言表达了自己的奇思妙想。那时，光学观测仪器的水平还很落后，因此库萨诺试图用数学计算的方法验证自己的理论。他意识到，数学计算仅适用于距离我们较近的星体，想要了解远处的星体，只能使用猜测的方法。

由于库萨诺的想法很少能被实际验证，因此他将猜测引入调查研究的过程。在当时，要验证宇宙理论，就必须使用猜测和推理的方法，这恰恰构成了他思想的优点。他颠覆性的日心说观点并没有像吉尔松尼德的观点那样，受到当时人们强烈的反对和驳斥。15 世纪的教会是由一批人文主义者和世俗教士组成的，当时，不同思想流派在神学议题上的争论也主要集中在教会内部。与 16 世纪相比，15 世纪的学术思想更为开放，宗教教条主义的影响更小。库萨诺在不同流派的争论中采取了较为圆滑的策略，他的思想仅对少数人公开，也就是说，当时只有少数哲学家和科学家有机会了解到他思想的实质。这些人中，也有对库萨诺持反对意见的，如马尔西利奥·费奇诺、皮科·德拉·米兰多拉等。从这些描述中我们不难发现，人们为了使古人的思想和现代天文学的创新性假设相调和，付出了巨大的努力，这也不失为一种对前人思想权威的精神对抗。库萨诺将我们生活的地球置于浩瀚宇宙中一个不起眼的角落，人们在面对这样的新观念时，内心难免会产生无助与困惑之感。

宇宙的概念变大了，与此同时，人们可感知的地球空间也在逐渐变大，而且是以一种直观的、可测量、可描绘的方式。在 15 世纪末至 16 世纪初的 20 年间，制图学得到了极大的发展，它被广泛应用在航海业，使航海家们冲破了马可·波罗以及 13—14 世纪方济各会士在云游东方时的固有路线，得以探索更为广阔的空间。数学、几何学的发展结合强大的新印刷工具，促成了德国制图学家马丁·瓦尔德泽米勒的伟大成就。他吸收了此前几个世纪的地理学发现，提出了重塑世界面貌的地理学新观点，并于 1507 年印刷出版了数千份自己绘制的全球地图，该地图中第一次用"亚美利加"（America）一词来指代美洲。该地图与其他成果一起被放入《宇宙通志》（Cosmographia Universalis）一书，此书如今仅有的残本可以在网上浏览。我们不难发现，从 16 世纪初开始，地图已经不仅仅是制图学作品，更是人们在面对日益广袤的空间时一份开放的精神宣言。

库萨诺的观点后来被医生群体所继承，他们依据医学实验的规则，意识到猜测和定论之间存在着鸿沟。医生吉罗拉莫·弗拉卡斯托罗[1]力求为自己全新的宇宙观做出阐释，但当

---

① 吉罗拉莫·弗拉卡斯托罗（1478—1553）：意大利文艺复兴时期的医学家和诗人，还兼具地理学家、天文学家、数学家、生物学家的身份。他早在 16 世纪就明确提出疾病是由肉眼看不到的微生物引起的。

时的哲学家对此十分不屑，戏称他是"没有逻辑的庸医"。弗拉卡斯特罗是彼得罗·彭波纳奇[1]在帕多瓦的学生，但他在天文观测上却与自己的老师意见相左，认为之前的研究缺少仪器的指导。1538 年，他发表了望远镜的设计方案，而直到大约 70 年后，同样是在帕多瓦，伽利略终于独立制成了望远镜，并最早将望远镜用于天文观测。

在帕多瓦，弗拉卡斯特罗遇到了比自己年长一些的波兰教士尼古拉·哥白尼。那时哥白尼刚从费拉拉游学归来，他在那里受到多梅尼科·诺瓦拉的引荐，投身天文学研究。哥白尼不仅会使用猜测和实际观测的方法进行天文学研究，他还有弗拉卡斯特罗身上不具备的一些特质。他深谙毕达哥拉斯学派的理论，认为既然天体的运动有其数学规律，就应该用数学语言来解释。

当时，思辨的方法作为数个世纪以来的传统，已经被广泛接受，哥白尼借此方法小心谨慎地发表着自己的观点，他的观点为人们提供了全新的视角。在 16 世纪最初的十几年中，他回到西里西亚[2]潜心研究，完成了《天体运行论》（*De*

---

① 彼得罗·彭波纳奇（1462—1525）：意大利文艺复兴时期著名哲学家，1488 年起在帕多瓦大学任教，被誉为"最后一个经院学者和第一个启蒙学者"。

② 西里西亚：中欧的一个历史地名。目前，该地域的绝大部分地区属于波兰，小部分属于捷克和德国。

Revolutionibus Orbium Coelestium）的初稿。这本书介绍了行星是如何围绕太阳旋转的，为人类带来了一场宇宙观的革命，因此在历史上享有极高的地位。我们之前也曾提到，长久以来，日心说其实一直是与地心说共存的，地球围绕太阳旋转也并非全新的论调。而哥白尼从数学角度论证了地心说的错误和日心说无可辩驳的正确性，这无疑是巨大的进步。他回顾了公元前4世纪哲学家赫拉克利德斯的观点，确立了行星运行速度和距离太阳远近的关系。正如历史学家阿方索·因杰尼奥所说："由于无法观测到恒星的视差，哥白尼推测这些恒星与土星（人类发现的最后一颗肉眼可见的行星）的距离是十分遥远的，这实际上也让人们对此前认为的和谐规律的宇宙产生了质疑。就这样，哥白尼意识到了宇宙的宏大，他认为，最外层的天球异常广袤，当时的任何函数都无法解释它的规律。"

哥白尼将自己的作品呈献给了教皇保罗三世，他的理论也并没有过多地扰乱教会的正统。不过当时托勒密的宇宙体系仍占据统治地位，一些极端的再洗礼派①教徒甚至将哥白尼的作品当作邪恶之书。然而，文雅的红衣主教、伽利略的反对者贝拉米诺仔细鉴定了哥白尼的作品，并未发现任何的异端观点。《天体运行论》于1543年（哥白尼去世后不久）

---

① 再洗礼派：16世纪欧洲宗教改革时期，新教中一些主张给成人洗礼的派别的总称。

正式出版。那时，特伦托会议①还没有召开，教会尚未将僵化的新亚里士多德主义奉为唯一的真理，科学研究依然享有一定的自由。《天体运行论》第二次出版是在 1566 年的巴塞尔②，再版过程中许多内容都被篡改了。此后的教会分裂和宗教战争使欧洲社会混乱不堪，天主教会忙于反对宗教改革运动，科学研究的自由成为一种奢侈，第三次出版也一再被搁置。当时，教会统治的政治局势对哥白尼宇宙观的传播已经十分不利，因为他向我们展示的宇宙之大以及日心说观点看起来"违背了上帝的旨意"，这样的形势随着富有想象力和叛逆精神的布鲁诺③、托马索·康帕内拉④等人的出现而一再恶化。他们虽然支持日心说，实际上更多的却是在反抗教会，他们将哥白尼的观点置于教会的对立面，逐渐与科学背道而驰。1609 年，《天体运行论》被列为禁书（同时代被列为禁书的还有但丁的《神曲》），与其说这一行动是由于科学上的意见分歧，不如说这出于政治上的保守和谨慎。

---

① 特伦托会议：1545—1563 年，罗马教廷为了抗衡马丁·路德的宗教改革所带来的冲击，于意大利的特伦托召开的大公会议。

② 巴塞尔：瑞士西北部城市。

③ 布鲁诺（1548—1600）：文艺复兴时期意大利思想家、自然科学家、哲学家和文学家。他捍卫哥白尼的理论，并阐明了宇宙无限的思想。1592 年，布鲁诺被诱骗回国并被捕入狱，1600 年被宗教裁判所判处火刑，烧死在罗马鲜花广场。

④ 托马索·康帕内拉（1568—1639）：意大利哲学家、神学家、占星学家和诗人，著有《太阳城》(The City of the Sun) 一书。

我们前面说过，第谷的观测数据已经为托勒密模型的替换播下了种子，这些数据有幸被第谷的同事和接班人开普勒[1]所继承。这两位科学家都致力于新学术观念的传播，也都遭到了天主教会的全面反对与攻击。开普勒分析和整理了第谷以及他自己的观测数据，从数学角度证明了太阳必须是行星系统的中心，他还发现，行星的运行轨道并非圆形，而是椭圆（开普勒第一定律，1608 年）。1 年后的 1609 年，也就是伽利略用天文望远镜观测天空的同一年，开普勒提出了关于行星运动的第二条定律，揭示了行星绕太阳运行的角速度并非一成不变，距离太阳越近，角速度越大。太阳似乎散发着一种神奇的力量，越靠近它的行星，感受到的力量就越强大。

值得一提的是，第谷和开普勒曾分别见证过超新星爆发[2]，爆发的过程持续数月，用肉眼便可以观测到。迄今为止，银河系中还没有再发生过如此明亮、用肉眼就可以观测到的超新星爆发。

上面所说的第一颗超新星就是著名的第谷超新星，又名SN 1572，是第谷在 1572 年发现的（同年开普勒还不满 1 岁）。

---

[1] 开普勒（1571—1630）：德国杰出的天文学家、物理学家、数学家，行星运动三大定律的提出者，这三大定律为他赢得了"天空立法者"的美誉。同时他对光学、数学也做出了重要的贡献，是现代实验光学的奠基人。

[2] 超新星爆发：某些恒星在演化接近末期时经历的一种剧烈爆炸。这种爆炸极其明亮，爆炸过程中所突发的电磁辐射经常能够照亮其所在的整个星系，并可持续几周至几个月才会逐渐衰减变为不可见。

第二颗超新星被命名为开普勒超新星，又名 SN 1604，由开普勒发现于 1604 年（第谷已去世了近 3 年）。政治虽然动荡，理性却在不断发展成熟，之前那个完美的、一成不变的宇宙模型正逐渐被人们抛弃。那些拥有聪明头脑的学者带领众人走出禁锢我们的"家门"，开始着眼于外面的世界。人类探索世界的脚步永远不会停止。

第七章

Part 7

从"家门口"到
不远处的世界

　　人类（至少是创造历史的少部分人）好奇而不安分地探索着世界，不断地寻求视野的拓展，我们越过高山、越过大洋，将求知的脚步迈向每一个角落。

　　探索的目的可以是多方面的：为了经济利益、文化交流、科学考察，为了开辟新的土地、开拓新的市场、掌握更多的机会，甚至是为了巩固自身优势、满足好奇心。当然，摆在探索者面前的往往是巨大的风险和困难。曾有人问乔治·马洛里①为何要攀登珠穆朗玛峰，他回答道："因为它就在那里（等着我们去征服）。"1924年，也就是新西兰登山家埃德蒙·希拉里②成功登顶的29年前，他尝试攀登珠峰，却没有成功。

---

① 乔治·马洛里（1886—1924）：英国著名探险家，在尝试攀登珠穆朗玛峰的途中丧生，也有许多人坚信他其实登上了珠峰峰顶。

② 埃德蒙·希拉里（1919—2008）：新西兰登山运动家、探险家。1953年，他和丹增·诺尔盖一起，成为首批登顶珠峰的人；1958年，他完成了独自穿越南极的壮举。

1999 年，人们在距离山顶仅几百米处发现了他的遗体。

在探索了地球的大部分区域后，人类一旦掌握必要的手段，就会自然而然地将触手伸向周围的宇宙空间，首先被探索的是我们生活的太阳系。与聚集了上千亿颗恒星的浩瀚银河系相比，太阳系简直微不足道；但与我们的地球相比，太阳系又显得庞大无比。那么，太阳系究竟有多大呢？我们对它的了解又有多少呢？一直到 18 世纪中后期，人类已知最遥远的行星还是土星。在暗夜里，水星、金星、火星、木星和土星都是肉眼可见的。自古以来，它们发出的光亮以及那看似古怪、实则有迹可循的运动轨迹，都帮助人们在概念上将这些行星与所谓的恒星区分开来。在人类正确计算出行星间的距离和行星与太阳间的距离之前，无论是以地球为中心还是以太阳为中心，人类了解的全部太阳系就只有这么大，这种意识就这样持续了数千年。

视力好、头脑机敏的人如果仔细观测天空，有可能会发现太阳系中的另一颗行星——天王星，它大约有 5.5 星等[①]（范围为 5.3 ~ 5.9 星等），用肉眼勉强可以看到。星等是衡量天体亮度的单位，它的增减呈对数型，比如，一颗五等星的亮度大约是一颗六等星的 2.5 倍，一颗六等星的亮度又是一

---

① 星等：天文学上对天体明暗程度的一种表示方法，用于区分天体亮度的等级，由古希腊天文学家喜帕恰斯在公元前 2 世纪首先提出。星等的数值越小，代表天体越亮；星等的数值越大，天体就越暗。在不明确说明的情况下，星等一般指反映天体视亮度的视星等。

颗七等星的 2.5 倍。新月升起的晴朗夜空中，用肉眼能看到的最暗的星为六等星。按理说，天王星本应该在古代就被纳入太阳系行星的行列，可为什么没有呢？原因可能在于天王星的运行速度看起来要比那些离地球较近的行星慢很多。伽利略作为使用天文望远镜观测天空的第一人，其观测效果自然比普通人用肉眼好得多，但即便是他，也并没有发现天王星是一颗行星，因此未能拓宽太阳系的范围。不过，他发现了木星的 4 颗主要卫星，分别为木卫一、木卫二、木卫三、木卫四，使太阳系的组成更加丰富。他还发现，土星看上去要比其他行星更长，就像是多了 2 只"手柄"。1655 年，惠更斯利用自己改进的望远镜，发现了土星旁边手柄一样的附属物其实是土星环，那时距离伽利略已经去世 13 年了。

利用天文望远镜，伽利略还观测到了海王星。这本该是一项意义重大的发现，但最后的结果却不尽如人意，也有人认为伽利略的观测离成功只有一步之遥①。1612 年 12 月 28 日，伽利略在 2 个不同的时刻分别将望远镜指向天空中木星所处的位置，在他留给后世的观测图中，我们不难发现，除了木星及其卫星，还有一个未知天体的存在。后来，我们知道，当时运行到该位置的天体恰恰就是海王星。但遗憾的是，当时正值海王星逆行，能观测到的运行速度十分微小，伽利

---

① 来自墨尔本大学的大卫·贾米森教授认为，伽利略至少意识到了海王星相对于背景恒星的移动，但他的解释存在争议。——原书注

略用他的小型望远镜几乎无法察觉。1613 年 1 月，伽利略进一步观察了海王星，并可能对它的位置变化进行了注释。头脑机敏、观察仔细的伽利略似乎将这一切都看在了眼里，或许他内心存在一些疑惑，又进行了进一步的观测，但结果我们无从得知。根据我们的推测，或许是不利的气象条件阻碍了他探索的脚步。海王星在之后的运行中远离了木星，也就渐渐地观测不到了。

太阳系的范围被正式拓宽是在 1781 年，天文学家威廉·赫歇尔[1]在尝试观测双星[2]时，偶然间发现了天王星。他观察到了该行星的运行轨道，因此排除了它是恒星的可能性。起初他认为自己发现的是一颗彗星[3]，但是后来，他又观测到该星体的运行轨道并非像其他彗星那样呈离心率很高的椭圆形，而是近似圆形，这是行星的典型特征。有人让赫歇尔为

---

[1] 威廉·赫歇尔（1738—1822）：英国天文学家、古典作曲家、音乐家，恒星天文学的创始人，被誉为"恒星天文学之父"，曾任英国皇家天文学会首任会长。他发现了天王星及其 2 颗卫星、土星的 2 颗卫星、太阳的空间运动、太阳光中的红外辐射，编制成了第一个双星和聚星表，出版了星团和星云表，还研究了银河系结构。

[2] 双星：一般指物理双星，即 2 颗在彼此引力作用下绕着共同质心旋转的恒星。对于其中一颗恒星来说，另一颗恒星就是其"伴星"。另外还有光学双星，即看似很接近、实际空间相距很远、无物理联系的 2 颗恒星。

[3] 彗星：一种含有冰冻物质的小天体，在靠近太阳时能长时间挥发出气体和尘埃，呈云雾状的独特外貌，通常分为彗核、彗发、彗尾三部分。

这颗土星轨道之外的行星命名，他不无私心地提议将它命名为乔治之星，以向英国国王乔治三世表示敬意。为了表彰他的科学成就，乔治三世承诺给予他每年 200 英镑的薪资支持，前提是他必须带着望远镜去往温莎附近居住，以方便皇室随时欣赏星空。然而，乔治之星这个名字并没有流行起来，为了和木星、土星的命名方式保持一致，德国天文学家约翰·波得①提议把它叫作乌拉诺斯②（Uranus）。这个名字在当时一定十分讨喜，1789 年，当德国化学家马丁·克拉普罗特③发现元素周期表中的 92 号元素铀时，根据天王星的名字将它命名为乌拉尼奥（Uranium）。大约 60 年后的 1850 年，乌拉诺斯这个名字终于在全球领域得到普遍使用，这时，海王星刚刚被发现了 4 年。

随着天王星加入太阳系行星的行列，太阳系的边界向外扩展了整整 1 倍——人们测量出天王星绕太阳运动的轨道半径大约为 20 个天文单位④，而土星只有大约 10 个天文单位。

---

① 约翰·波得（1747—1826）：德国天文学家，以提出表示行星到太阳距离的经验规则——提丢斯 - 波得定则而闻名。波得计算了天王星的轨道，还发现了 M81 星系，因而该星系也被称为"波得星系"。

② 乌拉诺斯：天王星的音译，在古希腊神话中，乌拉诺斯是第一代众神之王。

③ 马丁·克拉普罗特（1743—1817）：德国化学家和矿物学家，1789 年发现元素铀、锆，1803 年发现元素铈，是分析化学的奠基人之一。

④ 天文单位：天文学中计量天体之间距离的一种单位，以 AU 表示，其数值取地球和太阳之间的平均距离。1 AU=149 597 870 700 米。

海王星被发现后，人们知道它绕太阳运动的轨道半径大约为30个天文单位，太阳系的边界又一次被拓宽了。海王星的发现要得益于牛顿天体力学原理的应用。人们通过反复的观察和研究发现，天王星的运行时常存在一些"紊乱现象"。法国天文学家奥本·勒维耶仔细比较了天王星的实际运行轨道与数学计算得出的轨道，认为这两条轨道不一致的原因是天王星外侧还有一颗行星，它对天王星的引力扭曲了天王星原有的运行轨道。勒维耶推算出了这颗未知行星的大体位置，并告诉了柏林天文台台长、天文学家约翰·伽勒，希望他能对该行星预期所处的天空区域进行观测。伽勒在1846年9月23日对预期方位进行了观测，通过研究这次的观测图，并结合之前的一些观测记录，他发现了一颗运动着的微微发亮的天体，也就是海王星。关于太阳系的探索并没有就此画上句号，在更精准地分析了天王星运行的"紊乱现象"之后，科学家们发现仅仅靠海王星的存在是无法给出完整解释的，由此预言了冥王星的存在。冥王星于1930年被美国天文学家克莱德·汤博正式发现。起初，它被认为是太阳系的第九大行星，但是根据2006年国际天文学联合会①通过的行星定义，冥王星和一些之后发现的天体（阋神星、创神星等）一起被

---

① 国际天文学联合会：世界各国天文学术团体联合组成的非政府性学术组织。

定义为矮行星①。

人们很快便意识到，冥王星并不是太阳系的终点。与其他行星相比，冥王星有着更偏椭圆形的运行轨道（近日点距太阳约 30 个天文单位，远日点距太阳约 50 个天文单位），冥王星附近、海王星外侧存在一个充满着数不清的冰冻小天体的区域，该区域发现于 1992 年，被人们称作柯伊伯带。那么我们的太阳系究竟有多大？它的边界究竟又在哪儿呢？

为了进一步探索太阳系的边界，我们先来了解一下太阳风的概念。太阳风指的是从太阳上层大气射出的主要由电子和质子构成的等离子体带电粒子流，如果我们将所有受太阳风影响的区域都纳入太阳系的话，那么太阳系的边界至少要被扩展到 120 个天文单位，是土星与太阳间平均距离的十几倍。我们是如何得知这一数字的呢？ 2013 年，美国国家航空航天局的科学家告诉了我们这一点，当时他们宣布，旅行者1 号②发回的数据显示该探测器已经冲出太阳系（以太阳风为界），进入了星际空间。

---

① 矮行星：2006 年 8 月 24 日国际天文学联合会重新对太阳系内的天体分类后新增加的一种天体类型，体积介于行星和小行星之间，围绕恒星运转，自身引力足以克服其刚体力从而使天体呈圆球状，但没有清空所在轨道附近的其他天体。

② 旅行者 1 号：迄今为止飞得最远的探测器，也是第一个提供了木星、土星及其卫星详细资料的探测器。除了执行科学探测任务，它还携带了一张镀金唱片，其中包含了用以展示地球上各种文化和生命的声音与图像信息，因此它也被誉为"人类文明的使者"。

在美国国家航空航天局的网站上，我们可以找到许多关于旅行者 1 号的有趣信息，它于 1977 年发射，先后飞掠了木星和土星，之后冲出了天王星和海王星的运行轨道。2016 年 10 月，它与太阳的距离达到 200 多亿千米，约 136 个天文单位。探测器与地球间的距离是实时更新的，在该距离上，从给它下指令到验证指令的执行情况，需要 38 个小时，这刚好是信息以光速在地球和探测器之间传递一个来回所需的时间。

如果我们将太阳系定义为太阳以及因受其引力束缚而绕其旋转的天体的总和，那么之后的研究一定会让好奇的我们喜出望外。科学家们认为，在距太阳 5 万～10 万个天文单位①的范围内，存在一片由数以千亿计的小天体组成的云团，叫作奥尔特云。奥尔特云的绝大部分天体由水、甲烷和一氧化碳等结成的冰物质组成，这些物质是形成太阳及其行星的星云的残余部分。奥尔特云被认为是长周期彗星（公转周期大于 200 年）的发源地，这里的小天体受到太阳引力作用，冲向内太阳系，形成彗星。彗星在靠近太阳时，内部物质升华，发出耀眼的光，并形成美丽的彗尾。海尔－波普彗星②是近几十年来人们发现的最亮的彗星之一。1997 年，它通过近日点，以耀眼的光亮装点了夜空，这颗彗星极有可能来自

---

① 也有定义为 2 000～20 万个天文单位。

② 海尔－波普彗星：一颗异常明亮的大型彗星，光度比哈雷彗星高上千倍，1995 年 7 月 23 日由美国两位业余天文学家艾伦·海尔和汤玛斯·波普各自独立发现。

奥尔特云。我们通过计算得知，海尔－波普彗星的运行周期为2 000多年，预计它的下一次回归要等到公元4380年。

起初我们认为，太阳系只包含太阳以及被限制在土星轨道内、公转轨道近似在同一个平面上的几颗行星。之后太阳系被一次又一次地扩大，短短3个世纪以来，它的边界已经延伸到前人难以想象的程度，并从二维拓展到三维。奥尔特云的外缘距离太阳超过1光年，而离太阳最近的恒星——比邻星（半人马座α星C）距离太阳大约4.2光年，因此这一距离即使放在恒星之间的星际空间也是相当可观的。

我们对太阳系的研究从近处的几颗行星不断扩展，直至现在的规模。与此同时，科学研究的方法也完成了2个重大的转变，也就是从观察到实验的转变和从单一学科到多学科（天文学、地质学、气象学、化学、生物学等）交叉的转变。在研究木星的风暴、木卫一的火山活动、木卫二的冰壳、金星的大气以及火星的峡谷等一系列课题时，除了需要对天文学有深刻理解，更需要具备多个学科的知识。从20世纪70年代开始，关于行星的研究已经成为各类学科知识百花齐放的大舞台，不同的学术领域互相影响、互相交融。

现在，我们在研究太阳周围的行星、卫星以及一些主要的小行星和彗星时，都习惯了采用就地获取数据的方法。但在历史上的很多个世纪里，受限于科技水平，天文学家们只能远远地观察，像是守规矩的小孩子面对着玩具，只能看，却不能摸。近几十年来，我们开始慢慢走到近处，学会真正去"触碰"那些待研究的（至少是太阳系中的）天体。

首先被"触碰"的天体是月球。1959 年，月球 2 号在月球表面硬着陆后爆炸。1966 年，月球 9 号首次在月球表面实现了优雅的软着陆，解除了许多学者关于着陆过程中探测器下陷进入月壤的忧虑。1971 年，苏联向火星发射了 2 个探测器——火星 2 号和火星 3 号，它们都抵达了火星表面，其中火星 2 号为硬着陆，火星 3 号则实现了软着陆。而早在 1965 年，由美国发射的水手 4 号便在飞掠火星的过程中向我们传回了最早的火星地表照片，从这些照片上我们不难看出，火星表面十分贫瘠荒凉，这彻底终结了火星上存在生命的猜测和谣言。火星上有生命这一说法最早源自 19 世纪的意大利天文学家、科学史家乔凡尼·斯基亚帕雷利，他观察到了火星上的沟壑，而这些沟壑被人们错认为是运河。人类研制的探测器第一次登上金星是在 1975 年，由苏联发射的金星 9 号实现。和火星一样，金星也不适合居住。

20 世纪六七十年代以来，人类为了深入研究太阳系天体的特性，已经发射了数不清的探测器，其中许多探测器都实地探访过或是正在飞向我们周围的天体，包括行星、卫星、彗星、小行星等。我们无法将天体搬进实验室，于是就将实验室设在了天体上，就像 16—19 世纪时我们将蔬菜和各类动物带往新大陆一样。欧洲空间局①发射的乔托号太空船先后探

---

① 欧洲空间局：也译为欧洲航天局，简称欧空局，欧洲国家组织和协调空间科学技术活动的机构。

测了哈雷彗星①和格里格－斯基勒鲁普彗星②。日本发射的隼
鸟号③成功登陆 25143 号小行星④，并将采集的样本顺利带回
了地球。此外，人类的探测器已登陆土卫六⑤，能自由移动的
火星车也在火星上实现漫游。我们曾用质量超过 300 千克的
深度撞击探测器撞击过坦普尔 1 号彗星⑥，以研究彗核表面下
的情况，还曾发射着陆器成功登陆丘留莫夫－格拉西缅科彗
星⑦。2015 年，新视野号⑧向我们传回了冥王星的地表照片，
现在，它正在以 5.2 万千米每小时的速度冲向柯伊伯带，以

① 哈雷彗星：短周期彗星，每隔大约 76 年就能从地球上看见，是唯一
能直接用肉眼从地球看见的短周期彗星。

② 格里格－斯基勒鲁普彗星：周期彗星，1902 年 7 月 23 日由新西兰天
文学家约翰·格里格发现。

③ 隼鸟号：日本宇宙航空研究开发机构于 2003 年 5 月 9 日发射的近地
小行星采样探测器。

④ 25143 号小行星：又名糸川，是一颗会穿越火星轨道的阿波罗型小行
星，发现于 1998 年。

⑤ 土卫六：又称泰坦，是土星卫星中最大的一颗，也是太阳系第二大的
卫星。惠更斯在 1655 年 3 月 25 日发现了它，这也是在太阳系内继伽
利略卫星后发现的第一颗卫星。

⑥ 坦普尔 1 号彗星：周期彗星，1867 年 4 月 3 日由在马赛工作的德国天
文学家恩斯特·坦普尔首次发现。

⑦ 丘留莫夫－格拉西缅科彗星：一颗轨道周期为 6.45 年、自转周期为
12.4 小时的彗星。1969 年由苏联天文学家克利姆·伊万诺维奇·丘留
莫夫与斯维特拉娜·伊万诺夫娜·格拉西缅科发现。

⑧ 新视野号：又译新地平线号，主要任务是探测冥王星、冥卫一和位于
柯伊伯带的小行星群，以填补太阳系空间探测的空白领域。

完成与小行星 486958[1]的一场约会。

从单纯观察到实际"触碰"这第一个转变，自然而然地导致了第二个转变，即各学科之间互相影响、互相交融的转变。天文学家们向天体发射探测器，采集有价值的样本，近距离拍摄天体表面照片，测量温度、压强、风力以及大气中的化学成分……渐渐地，天文学家已经不单单是天文学家了，他们还变成了地理学家、化学家、气候学家和生物学家。在这一阶段，天文学研究成果丰硕。而未来的一些项目，不管是已经批准的、正在建设的，还是规划中的，都将为后辈科学家提供大量高质量的新数据。

毫无疑问，人类对太阳系的探索是不断深入的。2012年，欧洲空间局确立了"宇宙愿景"计划，发布了木星冰卫星探测器任务。如果木星冰卫星探测器可以在 2022 年如期发射[2]，那么它将于 2030 年到达木星，并于 2033 年底进入环绕木卫三的永久轨道。美国国家航空航天局在 2011 年发射了朱诺号木星探测器[3]，2016 年 7 月 4 日，也就是美国独立

---

[1] 小行星 486958：柯伊伯带天体，新视野号已于 2019 年对其开展了近距离探测。

[2] 该探测器已经于 2023 年 4 月搭乘阿丽亚娜 5 型火箭从南美洲北部的库鲁航天中心发射升空。

[3] 朱诺号木星探测器：以罗马神话中主神朱庇特的配偶命名，旨在详尽了解木星大气并研究木星的形成和演化历史。它发现了木星北极 9 个一组的气旋，拍摄了木星上的闪电，还测绘了木星大红斑的三维立体结构。

日这天，该探测器抵达木星附近并进入环绕木星的轨道。在所有的岩质行星中，关于水星的研究是最少的。截至2014年底，以水星为主要目标的探测任务只有2次：水手10号于1973年发射，分别在1974年3月、9月和1975年3月共3次近距离观测了水星；信使号于2004年发射，2011年到达环绕水星的轨道，一直运转至今①。欧洲空间局也意识到了水星研究的缺失，他们与日本宇宙航空研究开发机构合作设计的贝比科隆博号即将完工②，该探测器将在发射成功的7年后抵达水星。火星作为人类太空移民的一个热门的可能目的地，是人类除地球外研究和探测程度最高的行星。机遇号火星车③和好奇号火星车④还在这颗"红色星球"上漫游，

---

① 信使号已于2015年耗尽燃料并撞击水星表面。

② 贝比科隆博号：以意大利数学家、天体力学家G.P.科隆博的名字命名，已于2018年发射，预计于2025年底进入环绕水星的轨道。它包含2个子探测器——水星行星轨道器和水星磁层探测器，前者主要关注水星的起源、演化、形态、构造和大气，后者重点探测水星磁场的结构和活动。

③ 机遇号火星车：2003年7月7日发射，2004年1月25日安全登陆火星表面。它原来的设计寿命只有9个月，实际却运作了超过14年。在2018年6月经历过一场巨大的沙尘暴后，机遇号进入休眠模式，但再也未能被唤醒。

④ 好奇号火星车：2011年11月26日发射，2012年8月6日成功登陆火星表面。它是世界上第一辆采用核动力驱动的火星车，其使命是探寻火星上的生命元素。其原本的设计寿命为1年，但直到2023年仍在工作。

火星快车号[1]和2001火星奥德赛号[2]也正在绕火星旋转。与此同时，美国国家航空航天局和欧洲空间局又发布了全新的火星探测任务，它们是以研究火星大气为目的的火星大气与挥发物演化任务（简称专家号），以及ExoMars（火星生命探测计划的简称）2016和ExoMars漫游者（与俄罗斯航天局合作）。尽管ExoMars相关计划名义上是为了考察未来火星探测任务在技术上的成熟度和可信度，但同时它也帮助科学家收集一些火星数据以进行科学研究，其中最重要的就是寻找火星上可能存在的生命痕迹。

关于对小天体的研究，曙光号[3]已经完成了对灶神星的探测，目前已经抵达谷神星，正在履行它的探测使命。谷神星是小行星带中最大的天体，也是唯一位于小行星带的矮行

---

① 火星快车号：欧洲空间局主导的第一个火星探测器。它传回了大量火星地表的三维影像，第一次观测到了火星极光，还在火星地下和极冠区域发现了水冰。

② 2001火星奥德赛号：美国发射的火星轨道探测器，其名称来源于电影《2001太空漫游》（*2001: A Space Odyssey*）。它的主要任务是对整个火星上不同化学元素和矿物组分的分布开展系统测绘。

③ 曙光号：美国国家航空航天局的无人空间探测器，于2007年9月27日发射升空，2011年7月16日抵达灶神星并环绕其运行到次年9月5日，然后在2015年3月6日抵达谷神星，2018年10月31日因通信中断而结束探测任务。它是第一架环绕小行星的探测器，也是首架在任务期间成功进入2个太阳系天体（不含地球）轨道运行的探测器。

星。2016年9月，奥西里斯王号小行星探测器①成功发射，它将在小行星贝努上登陆，采集样本并带回地球，用于进一步的研究。

这些探测计划，不管是在科学技术层面，还是在经济层面，都需要大量的支持。所有这些努力都是为了一个共同的目标，那就是获取关于行星、小行星、彗星等天体的尽可能多样化的数据，以解释它们的大小、组成、形态、物理性质、化学性质、地理特征以及演变过程相异的原因。驱使着我们不断前进的动力，除了有了解我们自己的星球以及太阳系的运作规律之必要性，更有人类源源不断的好奇心和求知欲。太阳系是如何形成的？它的存在是否稳定？为什么组成它的不同行星之间会有如此大的差异？它在过去是什么样子，未来又将朝着怎样的方向发展？太阳系的哪些特性是其他行星系所普遍具有的，哪些特性又是其独有的呢？所有的这些问题其实可以归结为存在于哲学和科学领域的两个终极问题：我们从哪里来？人类最终的宿命是什么？通过探索那些距离我们较近的、可以被"触碰"到的天体，我们尝试为这两个问题提供一个初步的解答，而后再过渡到那些距离我们较远的、太阳系之外的天体。此外，我们还尝试探索这些天体与

---

① 奥西里斯王号小行星探测器：也译为起源－光谱－资源－安全－风化层探测器，简称OSIRIS-REx，由美国国家航空航天局发射。该探测器已于2020年秋季成功完成采样工作，2021年离开小行星贝努，踏上返航之旅。

地球的相似性，希望发现能够演化出生物化学特征与人类相似的生命的"第二个地球"。

太阳系的空间十分广阔，在其中遨游是极度耗费时间的。旅行者 1 号用了 37 年的时间才到达日球层顶[①]，也就是太阳风作用消失的地方。2004 年，欧洲空间局发射了探测丘留莫夫－格拉西缅科彗星的罗塞塔号探测器，它直到 2014 年才到达目的地。尽管探测器在脱离地心引力束缚以及行经其他行星的过程中有引力助推（即受到附近天体的引力而产生的引力弹弓效应）的帮助，但探测器的运行速度还是十分有限，到达目标星球往往需要很多年，在经济上也是一笔巨大的花销。因此近几年，国际上一些主要的航天局都在致力于新型推进系统（如太阳帆[②]）的研发。

最先构想出太阳帆的人可能是开普勒。这位来自德国的天文学家发现彗星的彗尾总是背对着太阳，因此猜想太阳对彗星施加了某种"压力"。开普勒写过一本叫作《梦》（*Il Sogno*）的科幻小说，描述了人类飞往月球的太空之旅，在这部作品中，他再一次思考了太阳的相关效应。他在写给伽利略的信中，除了提到勇气可嘉的航天员，还明确提出了"帆""天风"这样的说法。

---

① 日球层顶：日球层是太阳风向外推动星际介质形成的一个像大气泡一样的区域，日球层顶就是太阳风和星际介质之间达到平衡所形成的边界，距离太阳超过 100 个天文单位。

② 太阳帆：利用太阳光的光压产生推力的推进器。

因此我们说，太阳帆的概念可以一直追溯到 17 世纪初。但在开普勒之后的很长一段时间，这一概念几乎销声匿迹，甚至没有出现在饱含丰富想象力的文学作品中，直到小说家儒勒·凡尔纳[1]提出飞船可以以太阳光为动力。1865 年，他出版了一部叫作《从地球到月球》（*Dalla Terra alla Luna*）的小说，小说写的是主人公米歇尔·阿当和他的船员们乘坐一颗炮弹去月球探险的故事。

太阳帆或者说恒星帆的原理是由物理学家詹姆斯·克拉克·麦克斯韦[2]提出的。他于 1864 年（《从地球到月球》出版的前 1 年）发表的电磁学理论表明，太阳光可以产生压力。俄国物理学家列别捷夫[3]使用扭秤首先验证了麦克斯韦的理论，之后尼克尔斯和霍尔也用辐射计[4]证明了太阳光压的存在。

人们最早应用光压效应的案例之一，是调整行星探测器的运行轨道。配备有太阳帆的飞船一旦进入预定的运行轨道，

---

① 儒勒·凡尔纳（1828—1905）：法国科幻小说家、剧作家、诗人，被公认为"现代科幻小说之父"。

② 詹姆斯·克拉克·麦克斯韦（1831—1879）：英国物理学家、数学家，经典电动力学的创始人，统计物理学的奠基人之一。他首次提出光是电磁波，并预言光射到物体表面时会对该表面施加压力。

③ 列别捷夫（1866—1912）：俄国物理学家，1899 年，他用灯光照射扭秤上的反射镜，首次通过实验测得了光压。

④ 辐射计：一种测量电磁辐射量的装置。

便不再需要传统推进器来燃烧大量的碳氢燃料：它们可以利用光压从外界获取动力，尽管这种能量非常微小，却可以无限地持续供给。飞船只要处在与恒星较为接近的范围内（就太阳而言，也就是飞船处于木星轨道范围之内），便可以不断地加速，直到获得一个比电推进和化学推进所能达到的大得多的巡航速度。这样一来，不仅可以缩短探索太阳系外围所耗费的时间，减小飞行成本，同时也可以拓宽我们的探测范围。

如果有正确的引导，配备了太阳帆的飞船时速可以达到15万千米甚至20万千米，不到5年时间就可以从地球到达冥王星。相比之下，没有配备太阳帆的新视野号用了9年半才通过了同样的距离，新视野号发射于2006年，时速约为5.2万千米。远离太阳运动（如从地球朝向木星运动）的飞船可以借助太阳光压获取动力，而向着太阳运动的飞船则可以依靠太阳光压获取减速所需的制动力（太阳光压的强度随着与太阳距离的减小成二次方增长）或者进行轨道修正。

太阳帆作为一项新兴事物，现今依然处在实验阶段，但它的发展潜力十分巨大，特别是对于那些准备深入太阳系外围或者更远的任务。20世纪末，美国国家航空航天局研究了以太阳光压为动力的星际探测器，目标是使星际探测器加速到15个天文单位每年（该速度大约是旅行者号的5倍），之后探测柯伊伯带、日球层以及距离我们几百个天文单位的星际空间。"突破摄星"计划旨在向比邻星发射数千个迷你太空飞船，这些飞船配备微型电子装置和光帆，在强大激光的推动下，它们将耗时 20 年，抵达 4.2 光年外的目的地。该计划由物理学家斯蒂芬·霍金宣布启动，由互联网投资人尤里·米尔纳投资（预计 10 年内投资 1 亿美元），同时也获得了"脸书"创始人扎克伯格的支持。

不得不提的是，越来越多的太空垃圾（也称为空间垃圾或空间碎片）在地球上空不断旋转，它们很可能会直接影响未来的探测器和空间望远镜发射任务。实际上，太空垃圾的数量要比我们想象的多得多。科学家们普遍认为，地球轨道上直径为 1～10 厘米的垃圾数量约为 50 万个，而直径小于 1 厘米的垃圾保守估计也有 1 亿个。大部分太空垃圾位于距离地表 400～2 000 千米的近地轨道。2013 年 4 月，在德国达姆施塔特欧洲太空运营中心召开的第六届欧洲空间碎片会议上，科学家们讨论得出：如果不采取积极措施清除太空垃圾，那么它们与航天器之间相撞的概率会日益增大，到 22 世纪末，相撞概率将会是现在的 25 倍；要扭转太空垃圾不断增加的趋势，必须每年进行 3～10 次清除。问题显然是十分严峻的，科学家们也在对此进行着紧锣密鼓的研究。毫无疑问的是，如果人类想继续对宇宙的探索，太空垃圾问题必须得到解决。

Part 8

第八章

浩瀚的星空和
广袤的宇宙

早在 16 世纪末，布鲁诺便提出，"宇宙是无限大的，其中的各个世界是无数的""恒星都是其他的太阳，都带有自己的行星"。虽然这只是他基于幻想的猜测，但这样的猜测却触碰到了教会的利益，在 1594 年 8 月 24 日的一次审讯记录中，红衣主教贝拉米诺抓住了布鲁诺在论证上的漏洞。他写道：所有认为宇宙具有无限性的说法都属于异端邪说。但是从神学的角度，布鲁诺只要在承认宇宙无限性的同时，承认上帝的存在比宇宙更加无穷无尽，便可以在理论上蒙混过关了。布鲁诺和贝拉米诺都忽视了吉尔松尼德在 200 多年前提出的观点，即我们的宇宙是由数以亿计的天体组成的一个庞大整体。但更有可能的是，他们有意忽略了这个观点，因为他们真正在意的并不是科学研究。

因此我们说，从吉尔松尼德开始，就有人相信宇宙中有数以亿计的像地球这样的行星，它们分别围绕着不同的恒星旋转。但是直到 20 世纪后期，这样的想法依然有待证实。那时人们还没有发现过太阳系之外的行星，因此对此所有的解释都停留在猜测的层面。尽管人们已经知道自己生活在一个拥有上千亿颗恒星的星系内，但是我们所知的行星却仍然仅限于太阳系以内的狭小空间。

在 20 世纪的最后十几年，开始陆续有疑似的系外行星被发现，经过研究，其中一些被否定了，也不乏一些被证实的。截至目前，我们所发现的系外行星共计有 3 000 多颗[①]（尚未被证实的疑似系外行星的数量就更多了），其中许多来自像太阳系这样的多行星系统。在未来，这个数字还将不断增加，并且快速增加。人类从最初认为地球是宇宙的中心，到意识到地球只是茫茫宇宙中一颗不起眼的行星，这种观念上的改变与革新是如何发生的呢？

答案其实很简单，那就是我们学会了观测，并且不断改进观测技术。为了更好地观测天空，我们发明了必要的工具，学会了搜集在之前的观测中被忽略的细节。伽利略是第一个用望远镜观测天空的人。1609 年夏，他制造的第一台望远镜放大倍数仅有 3 倍，随后很快他便制成了能放大 8 倍的望远镜；同年 11 月，他又将放大倍数扩大到 20 倍。伽利略掌握了当时最为先进的望远镜制造技术，并且孜孜不倦地对其进行革新，他之后的几代科学家继承了他的精神，望远镜也就

---

① 截至 2023 年 3 月，美国国家航空航天局官方统计的系外行星数量已经超过 5 000 颗。

越做越精细了，那时比较有名的望远镜制造者当数欧斯塔基奥·蒂威尼和朱塞佩·坎帕尼。1642 年，伽利略去世后被草草下葬，直到近 1 个世纪后，其遗骨才获准迁移至佛罗伦萨圣十字教堂①。

1668 年，牛顿在伦敦设计并制造出了世界上第一台反射望远镜，从那时起，不仅仅是科学家，每个普通的英国人都逐渐意识到开阔视野的必要性。英国人高唱着《统治吧，不列颠尼亚》(*Ruling Britannia*) 去征服天空和海洋，同时也制造出日益先进的工具，为征服任务提供帮助。

但是要想进行细致的天文学观测，单单有那种给水手用的可伸缩式便携望远镜是远远不够的。1789 年，赫歇尔制成了一台大型望远镜（绰号"大炮"），把它搬上甲板要费九牛二虎之力，但它极大地拓宽了观察视野。后来的几十年里，它一直是世界上最大望远镜的纪录保持者（直到 1845 年，一台更大的望远镜"利维坦"被制造出来）。赫歇尔的"大炮"是一台牛顿式反射望远镜，重达 1 吨，主镜口径为 1.2 米，安装在一根长 12 米的刚性管上。目镜的位置在望远镜的上部，观察者需要沿着支撑结构爬大约 15 米才能找到它。如今，我们已经制造出了口径为 10 米的望远镜，口径为 40 米的望远镜也正在制造中。这些望远镜或被放在地面上合适的

---

① 圣十字教堂：佛罗伦萨最大的方济各会教堂，于 1294 年开始设计和建造，1443 年初步完工启用。教堂内有许多重量级名人的纪念碑和坟墓，如但丁、米开朗琪罗、伽利略等。

位置，或被安装在探测器上发射进太空。随着科技的发展，仪器的灵敏度也比从前提高了许多，一开始我们只能用肉眼观察，后来有了摄影感光板，发展到现在，电子探测器已经在观测中实现了全面普及。仪器的制造正朝着专业化的方向发展，制造者们根据不同的科学目标，有侧重地改进仪器特性，从而最大程度地实现特定功能。近几年来，用于发现和研究系外行星的仪器得到了人们的普遍关注。不得不提的是，在绝大多数情况下，我们对系外行星的了解都只是间接的。通过研究行星绕行对其中心天体（恒星）的影响，我们可以推测出行星的存在以及它的基本属性（大小、质量、公转周期、轨道半径等）。

　　人类研究系外行星的能力正在飞快地提升。20多年前，我们还只能通过分析恒星因受行星绕行的影响所产生的位移（径向速度法[1]），或是探测行星遮挡恒星时恒星亮度的微弱变化（凌星法[2]），间接地推测出系外行星的存在。现在通过结合这些方法，我们已经能测出这些行星的大小和质量（也就得到了密度），从而分辨出行星的状态（气态行星或岩质行

---

[1] 径向速度法：行星在围绕母恒星运动时会对其施加牵引力，恒星发出的光谱（按波长或频率次序排列的电磁波序列）会产生相应的红移或蓝移，由此可以推出恒星的径向速度（向着地球或远离地球的速度），目前该方法的探测精度为1米每秒左右。

[2] 凌星法：当系外行星从母恒星和地球之间经过时，该行星会遮挡其母恒星的部分光线，使母恒星亮度微弱降低，借此我们可以推测系外行星的存在。

星），在少数情况下甚至还可以绘出行星的直接图像。

真正的转折开始于人类观测系外行星的大气。光谱学①知识被应用于天文学中，促成了天文学到天体物理学的升级。学科之间的相互转化和渗透并不是突然发生的，这样的趋势在几个世纪前就被认为是必要的。中世纪的思想家们虽然提出了亮度、密度、温度、天体光的颜色等概念，却无法给出深层的解释，因为当时他们尚未掌握相应的物理和化学知识。直到19世纪，在天文观测中用到的数学知识才与物理学（侧重研究原子及其结构）和化学（侧重通过化学反应组成新的分子）真正联系起来。1860年，德国物理学家基尔霍夫②在弗劳恩霍夫③研究的基础上，创立了恒星光谱学，并惊奇地发现太阳的表面有钠元素存在。在此之前，实证主义哲学家奥古斯特·孔德④曾断言，如果我们无法在实验室里直接分析恒

① 光谱学：研究各种物质的光谱的产生，并利用光谱对物质结构、物质与电磁辐射的相互作用以及物质所含成分进行定性或定量分析的光学学科分支。

② 基尔霍夫（1824—1887）：德国物理学家，提出了著名的基尔霍夫定律，这是电路中电压和电流所遵循的基本规律。在化学方面，他制成光谱仪，与化学家本生合作创立了光谱化学分析法，从而发现了元素铯和铷。1862年他提出了"黑体"的概念，普朗克的量子论就发轫于此。

③ 弗劳恩霍夫（1787—1826）：德国著名的科学家、发明家和企业家。他开发制造了分光镜，并对太阳及其他光源的光谱进行了精确的研究。

④ 奥古斯特·孔德（1798—1857）：法国著名哲学家，社会学和实证主义的创始人，被尊称为"社会学之父"。他创立的实证主义学说是西方哲学由近代转入现代的重要标志之一。

星的样本,就永远无法得知恒星的化学组成。但事实很快证明,这位大哲学家的观点大错特错了。

恒星光谱学的出现使得物理学和化学正式融入天文学,这也定义了天体物理学。与此同时,一些基于实验以及原子物理与核物理研究的理论和技术也源源不断地汇入天文学领域。因此,在天文学领域也就不断地出现概念和研究方法的革新,发展出许多衍生学科。例如,从射电天文学①开始,整个电磁波谱都渐渐被纳入了天文学的研究范围。如今,天文学和天体物理学其实已经没有什么实际意义上的区别了。简而言之,要研究一个广袤的空间,需要从小处着眼,由小及大。回到我们最初的议题,对于人类来说,空间的扩大,其实就是从眼界的开拓和观念的更新开始的。

通过分析行星凌星前、主凌(行星运行至恒星前,母恒星被其行星遮掩)和次凌(行星运行至恒星后,行星被母恒星遮掩)时光谱的变化,我们已经研究了数以十计的系外行星的大气。人们尤其希望从系外行星大气中找到如氧气、甲烷这样潜在的生命指示剂,又或者是如水蒸气这样可以暗示海洋存在的物质。这种类型的探测靠在地面上架起的天文望远镜是很难实现的,因此,许多以探测系外行星大气为目标的空间计划应运而生。其中比较知名的当数系外行星大气红

---

① 射电天文学:在无线电波段观测与研究天体和其他宇宙物质的天文学分支。

外遥感探测卫星①和系外行星快速红外光谱探测器②。对于今后新的研究成果，我们大可拭目以待。

人类掌握的知识越来越多，视野也越来越开阔，对宇宙的理解已经不再依赖猜测和想象，而是发展出了有理有据的科学。我们相信小到我们生活的银河系、大到整个宇宙，都由数不清的天体组成。关于宇宙的一些疑问，我们也已经可以给出合理的解释。如今，我们关注的已经不再是证明系外行星存在，而是找到像地球一样适合人类居住的系外行星。说不定再过几十年，人类就可以系统地研究系外行星大气的化学组成，在成千上万颗系外行星上发现氧气、甲烷、二氧化碳和水蒸气等物质，从而证明它们的宜居性。到那时，人类的关注点又将转移到寻找已经有生命存在的系外行星。

哥白尼、伽利略和达尔文等科学巨匠身体力行地告诉我们，在研究中不可盲目地将人类置于宇宙中心的地位，更不可一味地相信人类作为高级生物的独特性。直到今天，我们对地球上的生物都尚未建立全面的了解。不久前我们刚发现，在深海完全没有阳光照射的区域也可以演化出生命，这在之

---

① 系外行星大气红外遥感探测卫星：简称 ARIEL，由欧洲空间局研制，将对已确认的有大气类地系外行星进行观测，确定其大气组成、结构等物理化学特性，进而研究其宜居性，预计于 2028 年前后发射。

② 系外行星快速红外光谱探测器：简称 FINESSE，由美国国家航空航天局研制，计划观测至少 500 颗系外行星，其光谱仪对水、甲烷、一氧化碳、二氧化碳等重要分子有极高的灵敏度。

前一直被认为是不可能的。我们逐渐意识到，不能用一刀切的限制性条件去理解宇宙中可能存在的其他生命，我们所谓的"经验"太过特殊和局限，不能用来作为衡量全宇宙的尺度。我们对允许生命发展的条件真正了解多少？生命需要多长时间才能演化出来？这样的条件能一直维持下去吗？如果环境改变了，生命的适应速度又如何？费米问道："如果宇宙中真的有外星人，那他们都在哪儿呢？"如果这真的是一个悖论①，那么这个悖论的解决方案是什么？在尊重物理、化学和数学定律的同时，天马行空的幻想虽然没有绝对的科学依据，却也是拓宽视野的一种重要方法，是人类认知的一个组成部分。幻想可以被理解为对约束的否定，让我们从所谓"人类中心主义"所强加的桎梏中解放出来。

广袤的宇宙囊括了无限的可能，宇宙中有着无限多的天体，因此，即使是我们认为极不可能发生的小概率事件，也会因其庞大的基数而变得可能甚至常见起来，我们对宇宙的研究也因此充满了惊喜。重要的是，我们需要继续应用从伽利略时代以来人类所能发展出的最先进、最有效的研究方法：科学方法。可以说，目前我们还处在起步阶段，许多基本问

---

① 即费米悖论，该悖论阐述的是对地外文明（地球以外的天体上可能存在的智慧生物及其文明）存在性的过高估计和缺少相关证据之间的矛盾。比如，根据估算，一场殖民整个星系的太空竞赛可能只需要几十万年——这在天文学尺度只是一眨眼的工夫。如果银河系真的充满先进文明，为什么他们没有联系我们？为什么外星人没有出现在我们家门口？

题依然等待着我们去解答。在 21 世纪，人类的认知一定还会得到更大的发展，见证这一过程将是非常有趣的，尤其是对于那些将在 21 世纪度过大部分时光并能看到下个世纪曙光的人来说。

我们前面已经提到，虽然有关系外行星的研究涉及很多议题，但我们最关心的、对人类未来影响最大的议题，都与寻找宜居行星甚至已有外星人居住的行星有关。地外文明到底有多少个？如何对它们的数量做出合理估计？人类对此充满了好奇。许多人相信，在未来还会有关于地外文明的宇宙大发现颠覆我们现有的认知，就像我们意识到海格力斯之柱不是地球的边界、土星不是太阳系的边界一样。我们希望列一个方程来计算宇宙中地外文明的数量。

用方程来描述一种现象，具有简明、符号化等优点。将已知的其他参数套入方程，就可以得出未知的量。比如方程 $v=s/t$（其中 v 代表速度，s 代表距离，t 代表时间）就可以被交警拿来测速，已知 2 个道路监视器间的距离 s 和汽车行经 2 个监视器的时间差 t，就可以轻而易举地得出司机驾驶的平均速度。然而还有一类方程，无法进行简单的套入计算，更无法得出一个确定的结果，留给人们的只有无限的困惑和思考。著名的德雷克方程①就是一个典型的例子，它是 1961

① 德雷克方程：又称德雷克公式、萨根公式、绿岸公式，已故的康奈尔大学著名天文学家卡尔·萨根也参与了方程的研究。

年由射电天文学家弗兰克·德雷克在美国弗吉尼亚州绿岸召
开的第一次 SETI[1]会议上提出的。当时的会议旨在讨论一个
问题：银河系中有多少个能与地球建立无线电通信的地外文
明？德雷克将上述问题转化为一个费米问题[2]，他把问题中
涉及的量拆分成比原来更基本的单位，在小范围内做出分析，
以分析结果为基础，对整体的量做出合理的估计。不过，用
这样的方式解答问题，我们无法得到一个十分准确的值。

　　人的头上有多少根头发？这就是一个典型的费米问题。
为了对这一问题做出合理估计，我们需要知道头发的生长面
积和密度。我们可以假设人的头是一个直径为20厘米的球体，
有头发生长的部分占球体总面积的三分之一，头发的密度是
3根每平方毫米。这样一来，我们便可以估算出头发的总数
N 约为 10 万 [$4 \times \pi \times (20/2)^2 \times 1/3 \times 300$] 根。

　　我们重新回到银河系中有多少地外文明的问题，德雷克
方程的表达式为：

$$N = R^* \times f_p \times n_e \times f_l \times f_i \times f_c \times L$$

　　其中 R^* 代表银河系中恒星形成的平均速率（每年新形
成恒星的数量）， f_p 代表拥有行星的恒星的比例， n_e 代表每

---

① SETI：地外文明搜寻的简称，用射电望远镜等先进设备接收宇宙中的
　　电磁波，以期发现地外文明发出的有规律的信号。

② 费米问题：一类特殊的估算问题，诸如"芝加哥有多少钢琴调音师"
　　等。初听时会觉得已知条件太少、问题太庞杂，实则可通过改变分析
　　对象、逐级拆解得出较为确切的答案。

个行星系统所拥有的类地行星的平均数，f_l代表类地行星中可以演化出生命的比例，f_i代表能够孕育生命的行星中有智慧生命出现的比例，f_c代表有智慧生命的行星中发展出科技文明的比例。最后，L代指这些文明将可探测的信号释放到太空的时间长度（以年为单位）。

当我们把上述所有的量相乘后，就会得到一个没有单位的纯数字（无量纲），也就是银河系中能和人类实现无线电通信的地外文明的总数。显然，这一方程在 1961 年刚刚被提出时，其中所涉及的参数即使不能说是完全未知，至少也是充满疑问和不确定的。因此，在缺少已知量的情况下，该等式几乎毫无用处。我们不难想象，在一颗系外行星都尚未被发现的当时，人们对待这一方程是怎样的态度。通过做出适当的假设（这些假设虽不以事实为基础，却也不能用事实来反驳），方程中的 N 可以被赋予从零到上亿的各种数值。这恰恰是德雷克方程的争议性所在，也为那些认为它毫无用处的人提供了很好的论据。如果当时沃尔夫冈·泡利[①]还在世的话，很可能会毫不客气地将德雷克方程归为伪科学，并用他那经典的口气批评该方程："连错误都算不上！"[②]但是话说回来，

[①] 沃尔夫冈·泡利（1900—1958）：奥地利物理学家，他提出了泡利不相容原理，并因此获得了 1945 年诺贝尔物理学奖。他以严谨、博学而著称，同时也以尖刻和爱挑刺而闻名。

[②] 泡利曾经批评学生的论文"连错误都算不上"，据说，他对一篇文章最好的评价就是"哦，这竟然没什么错"。

很多人还是承认，德雷克方程就像一项兼具实用性和趣味性的智力活动，值得我们反复审视。

从德雷克方程被提出至今，天文学研究已经取得了许多进展，现在我们至少可以比较确切地解释方程右侧的头几个变量。R^* 近年来在不同波段下得到了深入的研究，这些研究利用了最优秀的一些地面望远镜或空间望远镜（如星系演化探测器[①]、斯皮策空间望远镜[②]、哈勃空间望远镜[③]和赫歇尔空间天文台[④]）所收集到的珍贵数据。通过研究我们已经知道，银河系每年新形成的恒星总质量为 1～2 倍太阳质量[⑤]，因此方程右侧的第一项可以被当作已知量。方程右侧的第二

[①] 星系演化探测器：美国国家航空航天局 2003 年发射的一颗紫外天文卫星，主要目的是研究星系的形成与演化，特别是那些包含大量年轻恒星、辐射出强烈紫外线的星系。

[②] 斯皮策空间望远镜：美国国家航空航天局 2003 年发射的一颗红外天文卫星，是其大型轨道天文台计划的最后一台空间望远镜，以美国天文学家 L. 斯皮策的名字命名。其重大发现包括观测到宇宙大爆炸后 1 亿年就形成的第一代恒星、直接捕捉到系外行星的首幅图像等。

[③] 哈勃空间望远镜：以著名天文学家埃德温·哈勃的名字命名，于 1990 年 4 月 24 日在美国肯尼迪航天中心由发现者号航天飞机带入太空，是最成功的空间天文学项目之一。其重大发现包括证明宇宙加速膨胀、发现暗物质块、发现超大星团、发现迄今最遥远的星系等。

[④] 赫歇尔空间天文台：欧洲空间局的空间天文卫星，原名远红外与亚毫米波望远镜，后以红外线的发现者威廉·赫歇尔命名，旨在借助远红外波段研究低温宇宙的全貌。

[⑤] 并不是所有这些质量都集中于 1 颗新恒星，大多数新形成的恒星质量都比太阳小，平均而言，银河系中每年形成六七颗新恒星。

个变量，也就是 f_p，它的大小同样取决于人类的天文学探测能力。我们目前已经证实了数千颗系外行星的存在，正在研究中的疑似系外行星的数量就更多了。许多系外行星位于多行星系统，这些系统与我们的太阳系一样，有多颗行星围绕同一颗恒星做圆周运动[①]。通过对观测数据的分析，我们认为至少有一半的恒星有行星绕其运行。因此，有关第二个变量的不确定性也在一步步消除，f_p 的值极有可能十分接近于 1。

有关 n_e 和 f_l 的研究也从未停止过，但要得出一个能站得住脚的估算数据却还需要很多年。不过，一些初步成果已然显现。最近，一些科学家通过分析开普勒空间望远镜[②]从太空返回的数据，估算得出：22% 的类太阳恒星有与地球大小相近的行星在恒星周围的宜居带内运行。然而不容忽视的是，我们对于"宜居"这一概念还缺乏统一的标准，许多条件只是我们讨论和反思的结果。天文学家们可以做的，是不断地改进观测工具，以便更好地研究行星的性质（包括反照率[③]、轨道特征、表面温度及其变化等），尤其是分析行星的

① 截至 2022 年 9 月 30 日已确认的 5 197 颗系外行星中，大约包含 840 个多行星系统。

② 开普勒空间望远镜：2009 年 3 月发射升空，是世界上第一个专门用来搜寻系外行星的天文卫星。该望远镜始终保持固定的观测方向，凝视天鹅座、天琴座的部分区域。

③ 反照率：表示不发光天体的反射本领，等于所有方向反射光总流量与入射光总流量之比。

大气，从而对行星是否适合生命发展（或者是否已经拥有生命）做出合理的判断。我们目前只了解存在于地球上的生命形式，缺乏对宇宙中生命多样性的研究，这也增加了上述 2 个变量的不确定性。但是对 n_e 和 f_l 进行合理估计依然是可能的，这需要花费更多的时间、收集大量的数据，更需要化学家、生物学家和地质学家的协同合作。我们相信在不远的未来，关于德雷克方程的前 4 个变量，我们都会得出合理的估算值。

但是合理的估算似乎就在这里止步了，关于 f_i 和 f_c 的值，目前我们除了付诸纯粹的猜测，别无他法。L，也就是这些文明将可探测的信号释放到太空的时间长度，更是只有在科幻小说中才会讨论的议题。在我们收集到可信数据证明人类在宇宙中并非孤立存在之前，L 的值绝无确定下来的可能[1]。但是，这并不是说德雷克方程的存在没有意义。我们对该方程进行了重新审视，发现如果将一开始讨论的问题稍做修改，把目标从银河系中能用无线电波与人类实现交流的地外文明的数量改为范围更广、更易定义的银河系中复杂生命形式的数量，问题会变得容易许多。这一想法的产生，也与近几年越来越多的有关系外行星的研究（包括收集到的大量数据以及对未来的预期）密不可分。着眼地球，我们不难发现，在地球"宜居"的时间里，我们只是"业余的无线电爱好

---

[1] 人类在 1900 年左右开始使用无线电波进行广播，但现在正在用电缆和卫星通信代替广播，不久之后，我们的无线电信号将不再泄漏到太空中。因此对我们来说，L 的值可能是 100 多年。

者",我们向太空发射无线电信号的时间与人类在地球上生存的时间相比,几乎是微不足道的。我们不妨设想,如果外星人在近20亿年中的某一时刻,用与人类研究系外行星同样的方式研究地球,他们将会发现地球这颗位于太阳系第三条轨道上的行星具有许多有趣的特质。但是,他们大概不会恰好在人类发射无线电信号的一小段时间中,通过1 420兆赫兹[①]的电磁波来发现人类的存在(据初步估计,此概率为一亿分之三)。

实际上,关于"宜居"的定义也是备受争议的,人们对此的讨论从未停止。许多人认为,在所谓的宜居带之外,也有许多行星上可能存在生命。那么在系外行星上居住的会是怎样的生命呢?是像我们一样,在与地球环境相近的条件下,经过演化形成的聪明的智人?是我们认知中一般的碳基生命,还是嗜极生物?嗜极生物是指生活在极端环境(如高温、高压、低温、高渗、强辐射)中的活性有机体(大多数是单细胞微生物,也有些具有更复杂的结构)。值得一提的是,嗜极生物中的水熊虫(缓步动物门生物的通称)可以在强辐射、极端温压甚至真空的环境中存活,它们的卵同样具有这样的性质,因此完全可以把它们转移到其他行星,让它们在上面

---

① 1 420兆赫兹是宇宙中中性氢的原子所发射的一条著名谱线——21厘米谱线对应的频率,用这个频率发送信号时,其不易被宇宙中的各种干扰信号覆盖,因此被科学家们认为是宇宙中智慧生命的通用联系频率。

生殖繁衍。总的来说，我们对"宜居"的定义很容易陷入人类中心主义的误区，缺少思维的开放意识，盲目地认为所有生命都以碳元素为基础构成，而对一些我们从未试验过的、可能孕育出复杂生命的情形置之不理。

单纯地以距离能量源（也就是恒星）的远近来衡量一颗行星宜居与否，实际上是非常不全面的，这种做法忽略了许多其他因素的影响。比如围绕着气态巨行星旋转的岩质卫星（像木卫二、木卫三和木卫四，在它们坚硬的冰壳下很可能有液态水的存在），尽管它们并不处在所谓的宜居带内，却因为受到其行星巨大的引力拖曳作用，可以从中获取热量和能量，因此在这些卫星上也有可能产生生命。再比如土卫二，虽然围绕着距离太阳更远的土星旋转，但在它的地层深处也可能有液态水。人们通常定义的太阳系中的宜居带，只包含从地球附近到火星附近的范围，但现在看来，在该范围之外也极有可能存在地外生命。

天文学能为天体生物学①发展做出的贡献之一，就在于不断地发掘新的系外行星，为天体生物学中的宜居性研究提供素材。为了在系外行星的探索中取得质的飞跃，而不仅限于编制一份越来越丰富的天体清单，我们需要通过光谱学来研究系外行星的大气。尽管存在一些技术上的限制，能用于

---

① 天体生物学：又称宇宙生物学、地外生物学，是探索地球以外天体上是否具备生物存在的条件及是否有生物存在的一门新兴的交叉学科。

研究的样本也不多，我们还是着手这样做了。2013 年，我们针对围绕 HR 8799①的行星系统进行了探测，反馈信息表明，在 3 年内对围绕约 200 颗恒星的行星系统进行研究是完全可能的。我们一口气探测了 HR 8799 的 4 颗行星的大气，结果显示，各颗行星的大气组成有很大差异，氨气、乙炔、甲烷和二氧化碳等物质以不同的组合和比例存在。欧洲空间局的系外行星特征天文台计划②如果可以顺利实施，也一定会更好地推动系外行星大气的研究进程。我们在探索地外生命的过程中，也曾犹豫踌躇。回想我们对系外行星的研究，一开始我们并不知道如何找到它们，甚至以为它们并不存在。后来偶然发现了一两颗，然后我们掌握了合理的找寻方法，系外行星的数量也迅速增加到了数千颗。如今，我们已经对数量众多的系外行星的存在习以为常，已经难以想象之前将太阳系看作宇宙中独一无二的系统是何等固执与荒唐。我们的宇宙不仅广袤（新的科学发现让我们一次次意识到宇宙比我们想象中的更为广袤），而且拥有无限的耐心与包容，在 130 多亿年的时间长河里，它一点一点帮助我们将不可能变为可能，将稀有变为普遍。

---

① HR 8799：一颗位于飞马座、距离地球约 129 光年的年轻恒星（年龄约 6 000 万年），质量大约是太阳的 1.5 倍。

② 系外行星特征天文台计划：简称 EChO，欧洲空间局"宇宙愿景"计划的候选任务之一，旨在研究数百颗系外行星的大气的结构与化学组成。

Part 9

第九章

千，万，亿

　　在新月升起的晴朗夜空，我们用肉眼可观测到的星星有几千颗。具体的数字取决于观测者的视觉敏锐度、夜空的晴朗程度、视野的广度以及观测者的位置。

　　在 1609 年第一架天文望远镜被制成之前，这几千颗闪烁的星星就构成了人类所知的整个宇宙。17 世纪初，人们依然靠肉眼眺望地平线，就像仰望天空时一样。早在此很久之前，放大镜的出现已经使得人们可以更好地观察近处物体的细节，研究其细微之处的特征。在中世纪时，基于透镜相关原理制成的眼镜被引入欧洲，用于矫正人们的视力缺陷。我们之前已经提到，弗拉卡斯特罗于 1538 年在帕多瓦绘制出了一张望远镜图纸，通过调整 2 个透镜间的距离，就可以实现对远处物体的放大观察。1608 年，荷兰人汉斯·李普希依据他的思路制造出了第一台望远镜，但这台望远镜仅限于在白天用以环顾四周。此后不久，正是伽利略改进了望远镜，并将其伸向遥远的夜空，他的这一行动彻底改变了天文学，对人类的影响更不止于此。

肉眼可见的许多星星，即使距离我们已经相对较近，但还是比我们祖先想象的要远得多。在我们的书中，"距离"一词已经反复出现多次了，它虽然是一个空间概念，却也体现着人类对自我的探寻。在古代，我们的先人（且不说年代更为久远的原始人）站在山顶，眺望对面的高地，理所当然地认为它和我们的距离并不遥远—— 一只小小的麻雀振动翅膀，轻而易举地就可以飞过去。但我们作为两条腿的陆地生物，想要到对面去，就要先下山，或许途中还要穿过激流，然后再攀上另一座山……这可能要耗费整整一天。人们常常凭借经验，用时间来衡量距离。但是近 2 000 年来，也不乏智者通过线性的、可量化的概念（也就是数学的方法）来衡量距离。

一直以来，不论是测量地面上的距离，还是测量天体与地球的距离，我们都习惯使用三角测量法。1572 年，阿利斯塔克的《论日月的大小和距离》（*De Magnitudinibus et Distantiis Solis et Lunae*）在教皇国城市佩萨罗①印刷出版，使得当时的整个天文学界为之振奋，这标志着这部古老的作品得到了教会的承认，并被奉为经典。1619 年，开普勒在行星运动第三定律中阐述的观点并未与阿利斯塔克的理论相悖；

① 佩萨罗：意大利中北部港口城市。

1672 年，乔凡尼·卡西尼[①]和他的助手让·里歇尔奔赴法属圭亚那[②]的赤道地区，测量火星与地球间的距离，他们的思路同样与阿利斯塔克一致。

到了 19 世纪，天文学测量被拓宽到更为广阔的范围，天文单位已经不能满足当时的需要了。赫伯特·霍尔·特纳[③]首先提出了秒差距的概念，用于描述研究中涉及的更大的宇宙距离。1 秒差距大约等于 21 万个天文单位（准确来说是 206 265 个天文单位），现在我们常常使用秒差距的倍数来表示太阳系以外广袤空间中天体的遥远距离。

天鹅座的主星天津四，是肉眼可见的恒星中离我们最远的之一，它距离我们约 500 秒差距（1 600 光年），是日地距离的 1 亿多倍。也就是说，实际上肉眼可见的宇宙也是很广阔的。再比如，仙女座大星云虽然距离我们有 254 万光年之遥，但在合适的条件下依然可以用肉眼观测到。几个世纪以来，我们只知道仙女座大星云的存在，却不知道它离我们如

[①] 乔凡尼·卡西尼（1625—1712）：出生于意大利的法籍数学家、天文学家、工程师。卡西尼发现了土星的 4 颗新卫星（土卫八、土卫五、土卫四、土卫三），并于 1675 年发现了土星的光环中间有一条暗缝，后来此暗缝被称为卡西尼环缝。1690 年，他在观测木星的大气时发现木星赤道旋转得比两极快，也就是木星的"较差自转"现象。他还第一次确定了木星大红斑的位置。

[②] 法属圭亚那：法国的一个海外省，位于南美洲北海岸。

[③] 赫伯特·霍尔·特纳（1861—1930）：英国天文学家、地震学家。

此遥远，更不知道它其实和银河系一样都属于星系。

现在我们知道，天上的星星其实远不止我们能看到的几千颗，一些亮度很低的恒星用肉眼是感知不到的，正是伽利略首先用天文望远镜观测到了它们。伽利略还发现，银河系之所以呈现出云雾状态，正是数不清的遥远而暗淡的星辰造成的。从那以来的近 4 个世纪，为了观测到更加遥远、亮度更低的天体，天文学家们从未停止建造更强大望远镜的步伐。几百年里，我们不无惊奇地发现，无论我们观察得有多远，视界之外总有新事物在等待着我们发现。随着我们欣赏宇宙的能力的增强，我们对宇宙丰富性的认知也在不断提升。

在研究恒星分布以及它们之间距离的过程中，我们也渐渐对银河系的大小和形状有了初步的了解。今天我们知道，银河系呈现为旋涡状，它聚集了上千亿颗恒星，如同一个直径 10 万光年、厚度 1 000 光年的大圆盘。18 世纪末，赫歇尔统计了许多位于不同方位的恒星，旨在研究银河系的形状以及太阳系在银河系中的位置。在当时的人们看来，银河系其实就构成了全部宇宙，赫歇尔也不例外。尽管他下意识地将太阳系置于"宇宙"（银河系）的中心，却还是正确地得出了银河系的形状——三维圆盘状，用他自己的话说，是"磨盘状"（与此同时，他还对银河系的大小做出了估计，不过估计值要比实际值小很多）。赫歇尔以及来自法国的天文学家查尔斯·梅西耶①还对望远镜视野中可见的星云进行了系统编目。其实，早在 1750 年，托马斯·赖特②就提出：这些星云可能是某种"外部创造物"或者"宇宙岛"（这一观点后来被著名哲学家康德进一步阐述）。

当然，赖特的观点仅仅是一种假设，它代表了 18 世纪在英格兰盛行的经验主义的思维方式。1755 年，一家德国报社发表了一篇文章，对赖特的理论进行了粗略的总结，年轻的康德就受到了这篇文章的启发，彼时他深受德意志特色的形而上学思想影响。尽管当时可供阅读的科学读物很少，但这位年轻的哲学家仍从中汲取养分，写成了一部单看名字就气势恢宏的作品——《关于诸天体的一般发展史和一般理论，或根据牛顿原理试论宇宙的结构和机械的起源》（简称《宇宙发展史概论》，*Universal Natural History and Theory of the Heavens*）。这部作品在意识形态上的前提与牛顿的观点相同，即宇宙的建制有着完美、规则、稳定的特点。他认为，"宇宙岛"将聚集形成星体大陆，其运动遵循宇宙万物的普遍规律。

---

① 查尔斯·梅西耶（1730—1817）：法国天文学家，编撰了最早的成体系的星云和星团表，也就是大名鼎鼎的《梅西耶星表》（*Messier Catalog*）。后人为了纪念他，将月球上一个陨击坑和 7359 号小行星以他的名字命名。

② 托马斯·赖特（1711—1786）：英国天文学家、数学家、仪器制造者、建筑师。他猜想天空中的云雾状天体是像银河系一样由大批恒星组成的"宇宙岛"，只是因为它们距离太远，因此无法分辨出其中一颗颗的恒星。

然而，康德内心的疑惑也越来越让他百思不得其解："宇宙这种系统而规则的建制究竟有没有尽头呢？天地万物的边界又在哪儿？"紧接着，他提出了更多有价值的疑问。许多人认为，康德在最初面对可感知的庞大空间时感到了慌乱和迷惑，而后将这些感受升华到空间范畴，它们既无关天文学研究，又不受实证结果的影响。

19 世纪，随着越来越多先进的望远镜被制造出来，人们对星云的研究也不断深入，可以更好地验证它们究竟是未知的恒星集合，还是一些弥漫在宇宙中的物质。但不管怎么说，当时绝大多数人都认为星云是银河系的一部分。1845 年，威廉·帕森斯[1]（也就是罗斯伯爵三世）制造出了当时世界上最大的天文望远镜——利维坦，它的口径约为 1.8 米，长度约为 16 米，能够很好地观测星云的形态，甚至能分辨出部分星云的旋涡状结构。利用利维坦，人们还发现了一些星云上的亮点、带状深色区域以及明亮的细丝。随着天文观测的外部条件越来越成熟，人们渐渐意识到宇宙比当时任何人所想象的都要宽广得多。在加利福尼亚州利克天文台[2]任职的天文学家希伯·柯蒂斯是最先发觉这一点的人之一。20 世纪初，他

---

[1] 威廉·帕森斯（1800—1867）：爱尔兰天文学家。1848 年，他用利维坦观测到了著名的蟹状星云，蟹状星云正是因帕森斯为其所绘的图像像一只螃蟹而得名的。

[2] 利克天文台：世界上第一个建于山顶的永久性天文台，坐落在加利福尼亚州圣荷西市东部汉密尔顿山山顶。

在仙女座大星云附近观测到了大量新星，它们的亮度大约只有银河系中新星亮度的万分之一。通过对观测数据的分析，柯蒂斯得出结论，仙女座大星云距离我们大约有 50 万光年之遥（真实距离是该数值的 5 倍），从空间尺度上看，该星云显然不属于银河系的范围。在数据的鼓舞下，他再次提出了"宇宙岛"的假设，认为所谓的星云其实是与银河系相似的星系，它们处在银河系之外，距离我们十分遥远。天文学家哈罗·沙普利[1]对这一假设提出了异议。1920 年，这两位科学家在华盛顿举办了一场辩论赛，两人就星云的本质和宇宙的大小展开了激烈的争论[2]。

然而，关于这一问题的争论并没有持续很久。1925 年，埃德温·哈勃[3]将口径 2.5 米的胡克望远镜（当时世界上最大的反射望远镜）伸向仙女座大星云以及一些其他星云，进而发现了许多造父变星[4]。通过测量造父变星的光变周期，他计

---

[1] 哈罗·沙普利（1885—1972）：美国天文学家，1943—1946 年任美国天文学会会长，主要从事球状星团和造父变星研究。1918 年，在分析了大约 100 个球状星团的分布后，他确认银河系的中心在人马座方向，从而否定了太阳系是宇宙中心这一传统观念。

[2] 沙普利 - 柯蒂斯之争，史称"世纪大辩论"。

[3] 埃德温·哈勃（1889—1953）：美国著名天文学家，星系天文学的奠基人，观测宇宙学的开创者之一，提供宇宙膨胀实例证据的第一人。

[4] 造父变星：变星的一种，它的光变周期（光变曲线上相邻 2 个同位相点之间的时间间隔）与它的光度成正比，利用这种周光关系可以确定造父变星所在星团或星系的距离，因此造父变星也被誉为"量天尺"。

算得出了造父变星的绝对星等（代表其固有的亮度），然后将其与视星等（我们观测到的亮度）做比较，最终得出了仙女座大星云等星云与我们之间的距离。结果证明柯蒂斯的观点是正确的，这场争论也就此画上了一个圆满的句号。就这样，人类对宇宙大小的认识又一次得到了修正。宇宙的规模扩大了上亿倍，银河系也不再是孤立存在的了，就像在此100多年前赖特和康德所设想的一样，宇宙中有数不清的其他星系与银河系并存。撇开20世纪下半叶兴起的多重宇宙论①不谈，单单是证明银河系外还有无数遥远而明亮的其他星系，就已经构成了人类宇宙认知史上的一大飞跃。

哈勃以及赫马森对星云（现在更名为星系②）的系统化研究为后来的宇宙膨胀模型和大爆炸理论奠定了基础。首先提出宇宙膨胀模型的是比利时天文学家、教会神甫勒梅特③，

---

① 多重宇宙论：一种在物理学界尚未被证实的假说，该假说认为在我们生活的宇宙之外，还存在许多其他不同的宇宙。有人认为这一假说基于量子力学和弦理论等科学理论，属于科学范畴，也有人认为因为我们无法对多重宇宙中其他宇宙的情况进行观测和验证，因此这并不属于科学。

② 现在把位于银河系内的星云仍称为星云，位于银河系外的星云则称为河外星系或星系。

③ 勒梅特（1894—1966）：比利时天文学家、宇宙学家。他通过求解爱因斯坦场方程，独立提出了宇宙在不断膨胀的观点。他还首次总结了星系退行速度和它们到银河系距离之间的比例关系，并且估算出了比例系数，但由于结果是以法文发表的，因此在当时并未引起注意。

他的观点综合了爱因斯坦的广义相对论和维斯托·斯里弗最初的光谱学研究成果。斯里弗观察了一些旋涡星云（星系）的光谱，发现其中原子跃迁产生的特征谱线与实验室中的相比，产生了向红端的位移。就像声波的多普勒效应[1]所揭示的一样，当光谱中显示出的颜色偏红（该现象也因此得名星系红移）时，表明光源正在离我们远去。从此我们认识到，人类生存的空间不仅广袤，而且是动态的，其性质也在发生变化。广义相对论指出，时间和空间这两个在当时毫不相干的概念其实有着密不可分的联系。而在量子力学中，普朗克长度[2]告诉我们，距离这一概念也是受到限制的。

从 18 世纪末到 20 世纪末，人类对宇宙的认识发生了翻天覆地的变化。一开始，人们认为宇宙静止不变，直径只有 10 万光年。只用了大约 200 年，人们便意识到宇宙诞生于大约 140 亿年前，直径约为 930 亿光年（从诞生以来一直在膨胀），由数千亿个星系组成，且在未来规模还将不断扩大。

宇宙的膨胀是一个整体而复杂的过程，近 30 年来，人们倾向于相信这样的说法：极早期宇宙在一段极短的时间里

---

[1] 多普勒效应：当波源与观察者的相对位置发生变化时，观察者接收到的波的频率会发生变化的现象。当观察者向着波源运动时，波被压缩，波长显得较短，频率较高；相反，两者相互远离时，波长显得较长，频率较低。

[2] 普朗克长度：物理学中有意义的最小可测长度，由光速、万有引力常数和普朗克常数决定，大致等于 1.6×10^{-35} 米。

呈指数级快速膨胀，后来进入平稳的膨胀时期，然后进一步加速膨胀。与此同时，宇宙"不可见"的一面也逐渐显现了出来。我们虽然已经意识到了宇宙的广大，但我们能观测到的依然只是冰山一角。起初，我们只是发现了一些"不可见"的物质，虽然能感受到它们的引力作用，却无法直接观察到它们的存在。后来，我们又察觉到还有"不可见"的能量加速了宇宙的膨胀。

瑞士天文学家弗里茨·兹威基①在 20 世纪 30 年代研究了一些星系团，他意识到在星系团内部，星系的运动速度其实会破坏星系团结构的稳定性，但观测数据却显示，星系团中的数百个甚至数千个星系都稳定地聚集在一起。兹威基把注意力放在了后发星系团②上，他用位力定理③推导得出，要想各星系之间的引力足够让它们凝聚成团，所需要的动力学质量大约是光度学质量的 400 倍（通过质量和光度之间的关系测算）。基于以上研究，兹威基提出了"不可见物质"的观点，并将这些"不可见物质"命名为"暗物质"。他的观点在

———————

① 弗里茨·兹威基（1898—1974）：瑞士天文学家，他提出了超新星和中子星的概念。为了纪念他，1803 号小行星和月球上的一座环形山以他的名字命名。

② 后发星系团：位于后发座天区，是一个 X 射线源，也是距离我们较近的一个规则星系团。它的中央星系密集区包含 1 000 个以上的星系，成员星系的总数可能超过 1 万个。

③ 位力定理：曾称维里定理，描述多质点体系长期平均总动能与体系总引力势能关系的动力学定理。

发表之初并未得到人们的认同，但随着其他研究成果的发布，几十年后，暗物质这一概念终于在天文学界站稳了脚跟。

美国天文学家薇拉·鲁宾①关于星系旋转曲线的研究，在确认暗物质存在的过程中起到了决定性的作用。在测量了星系中从中心到外围的恒星的运动速度后，鲁宾发现，恒星绕星系中心旋转的实际速度与基于星系质量分布预测得到的速度存在显著差异。根据牛顿力学理论，恒星绕星系中心旋转的速度会随着离星系中心距离的增加而减小，但观测结果表明，在相当大的范围内，星系外围恒星的速度几乎是恒定不变的。仅凭借望远镜观测到的可见物质，根本不足以束缚住这些恒星，除非星系被巨大的"暗物质晕"包围。

随着时间的推移，暗物质存在的其他证据也逐渐积累起来，比如遥远星系发出的光所发生的偏折现象（引力透镜效应②）和宇宙微波背景辐射③的各向异性。如今，关于暗物质

---

① 薇拉·鲁宾（1928—2016）：她克服了旧时科学界对女性从事科研的种种阻碍，发现了暗物质存在的重要证据，掀起了一场天文学革命。

② 引力透镜效应：爱因斯坦的广义相对论所预言的一种现象，从背景光源（如恒星、星系、超新星）发出的光在经过大质量天体（如黑洞、星系、星系团）附近时，引力场会使光线像经过凸透镜一样发生弯曲，弯曲程度取决于引力场的强弱。利用引力透镜的方法可以估算大尺度范围内的天体质量分布，被认为是测量暗物质的最好方法之一。

③ 宇宙微波背景辐射：宇宙大爆炸遗留下来的一种充满整个宇宙的、各向同性的微波辐射，而其各向异性指的是这种辐射在各个方向上呈现出非常微小的温度起伏，通过对其各向异性的精细观测，可以确定出宇宙中暗物质的总量。

存在证据的研究主要集中在粒子物理学领域，依靠在地面和太空的实验来进行，但是在过去，人们曾考虑通过更精确的天文学假设来解释暗物质的存在。每一次，当之前被忽略或者研究价值被低估的事物被发现时，必定会引起天文学界的强烈关注，科学家们也会采取一系列的方式计算，来验证它们与"缺失的质量"是否存在某种关系。我们已经证明，不管是星际空间内的中性氢、超大质量黑洞，还是褐矮星①和系外行星，它们的质量都无法弥补暗物质的空缺。此外，虽然关于中微子还有诸多谜团，但研究越来越证明它们并非暗物质，中微子在宇宙中所占的比重太小了。

在探索暗物质源头的过程中，我们也不单单将注意力放在寻找某种看不见的物质上，而是尝试将暗物质问题转化为重子物质②或者超对称粒子③问题。晕族大质量致密天体④是重

---

① 褐矮星：也叫棕矮星，质量小于 0.08 倍太阳质量这一临界值，因而不能保持稳定氢聚变的恒星，也被称为"失败的恒星"。

② 重子物质：重子物质就是我们日常生活中所接触的普通物质，它们由中子、质子等重子组成。

③ 超对称粒子：微观世界的很多粒子并不是固定不动的，粒子具备自旋特性，科学家将自旋的数值为整数的叫"玻色子"，自旋的数值是半整数的叫"费米子"。超对称是费米子和玻色子之间的一种对称性，该对称性至今在自然界中尚未被观测到。超对称理论认为，很多已知粒子都有其未知的超对称"伙伴"，最轻的超对称粒子是暗物质的候选者。

④ 晕族大质量致密天体：星系中由重子物质构成的冷暗致密天体。

子物质的代表，而超对称粒子则是现代物理学中一个新兴的研究领域。我们还尝试通过修正牛顿动力学来解释不可见物质的问题，但结果却不尽如人意。近些年来，在暗物质问题上，科学家们做出的努力主要集中在具有一定质量但与普通物质作用极其微弱的中性亚原子粒子的研究上。当一些天文学家还在不断搜索暗物质存在的证据并越来越精确地测量它们的数量和分布时，另外一批学者选择在更易屏蔽干扰的地下实验室或太空中捕捉暗物质粒子。科学文献中不时会出现这样的"暗示"——某种像极了暗物质的东西行经了我们的探测器，但是，至今我们也没有获得具有统计学意义的确定性结果。

　　现代人对空间的探索又一次揭示了那个老生常谈的规律——宇宙总是比我们想象的更加广袤，不仅仅是在规模上，更是在组成上。现在比较公认的研究表明，宇宙中普通物质（其组成在元素周期表中可以找到的物质，也就是可见的、能观测到的物质）的数量大约只有暗物质（那些不可见的、观测不到的物质，我们甚至无法确定它们是否存在）的五分之一。关于暗物质，我们既不知道它们的冷热，也不知道它们的轻重。我们认为它们笼罩着星系、充斥在星系团的内部，却从来没有在地球或者太阳系的任何一个角落找到过它们存在的痕迹。而正因如此，人们的想象力也就派上了用场，它们可以由具有奇异性质和怪异名称的粒子组成，比如轴子①、惰性中微子②、引力子③、弱相互作用大质量粒子④、磁单极子⑤等。显然，目前暗物质问题依然令人感到尴尬和困惑。

---

① 轴子：一种与其他物质相互作用很弱、质量也很小的假想粒子。

② 惰性中微子：不参加除引力之外的任何相互作用的新型中微子。

③ 引力子：传递引力的假想粒子。

④ 弱相互作用大质量粒子：标准粒子模型之外的假想粒子，源于超对称理论。

⑤ 磁单极子：只带一种磁极性（北极或南极）的粒子。

第十章

Part 10

从一到无限

新近的一种观点认为，在我们生活的宇宙之外，还存在许多个其他不同的宇宙，这就是多重宇宙的概念。显然，多重宇宙要比我们了解的单一宇宙更大、更广阔。目前，多重宇宙的观点依旧停留在假说阶段，许多相关的概念问题还没有解决。关于多重宇宙，我们尚未建立一个通用的模型，要解决这一问题并在物理学界达成共识，可能需要更加深入地理解量子力学基本原理以及弦理论（在弦理论中，自然界的基本单元并不是占据单独一点的点状粒子，而是很小的线状的弦，不同的基本粒子对应着一维弦的不同振动模式。该理论试图统一量子力学和相对论，这一过程解释起来十分复杂，我们在此不多做赘述）。与此同时，有许多学者已经开始了对多重宇宙的层次结构的研究。

在之前提到的"世纪大辩论"中，沙普利对柯蒂斯提出的宇宙实际具有的巨大尺寸表示反对，我们不想重蹈这一覆辙。但是坦率地说，存在 10^{500} 个宇宙甚至 $10^{10^{16}}$ 个宇宙（这一数字来自物理学家安德烈·林德和维塔利·范丘林）的观点着实让人感到不安，更何况，多重宇宙的数量很可能是无限的。我们不妨想象一场棋类游戏，其中棋盘上只有 9 个棋格，2 名玩家分别选择白棋或黑棋，交替在棋格上放置棋子，并试图将 3 个同色棋子放在一条直线上（水平、垂直或者对角线方向）。当游戏进行够一定次数后，所有可能的游戏结果就都产生了，如若再进行下去，结果一定会不可避免地重复。假设忽略掉相互对称的游戏结果（即黑白棋位置可互换），并且在胜利或是陷入死局之时，依然继续游戏直到将整个棋盘填满。我们会发现，游戏中可能出现的不同情况的总数并不是很多，即 9! = 362 880。但如果我们意识到，在棋盘旋转对称或者反射对称的情况下，有时 2 场游戏其实是 1 场，那么游戏中可能出现的不同情况就可以被缩减到小于 3 万次。在这个例子中，棋子的种类和棋格的数量很少（只有黑白 2 种颜色的棋子和 9 个棋格），自由发挥的空间小，因此使得可能出现的情况受到了较大的限制。棋子的种类和棋格的数量越多，自由发挥的空间越大，分化的可能性就越大。但随着游戏次数的增加，重复依旧是不可避免的。尽管我们可以玩无数次游戏，但是在游戏中可能出现的情况总是有限的。我们的忧虑其实就在这里：如果宇宙的数量足够多，那么可以设想，在不同的宇宙中所有可能的跳棋（以及双陆棋、象棋等）游戏都会被进行完毕，所有可能旋律的交响乐、所有可能内容的书籍、所有可能审美的画作都将被全部创作出来，再没有任何新事物可言。因为存在着太多的宇宙，一些事情，不管是简单的还是复杂的，都会不可避免地重演。不仅如此，如果多重宇宙超过了一定的数量，甚至可能（也是必然）会出现重复的宇宙。马克斯·泰格马克[1]计算出，在第一级多重宇宙中，各宇宙在 $10^{10^{118}}$ 米之后开始出现重复。我们不得不说，这段距离对人类来说是难以想象的，因为我们可观测宇宙的半径也只有大约 $4×10^{26}$ 米，但这不足以说明这一问题毫不值得担忧。如果多重宇宙的数量是无穷无尽的……

　　或许，这种有关"无限"的假设是我们知识上的倒退。"无限"的概念很难解释，我们难以深究它，更无法理解它的全部含义。一般来说，很少有物理学家喜欢无限这一概念，但数学家们却对此津津乐道，甚至提出了多种"无限"的类型。19 世纪末，格奥尔格·康托尔[2]向我们证明，"无限"里面还包含着"无限"，它们之间可以互相比较，以在其中建立起层次结构。康托尔证明了"无限"并非都是一样的，有些"无限"较大，有些则较小，他以这项研究为基础构建了超限数的模型。

　　无论如何，"无限"仍然是一个我们无法在脑海中描绘

① 马克斯·泰格马克（1967—）：宇宙学家，麻省理工学院人工智能与基础交互研究中心教授，未来生命研究所创始人，他首次提出了"数学宇宙假说"。
② 格奥尔格·康托尔（1845—1918）：德国数学家，集合论的创始人。

的概念。"无限"不是"无尽",对"无尽"的概念我们是很容易理解的,例如,一个环或者一个球面,尽管是有限的,其大小也可以被测量,但因为没有边界,所以被认为是"无尽"的。而一说到"无限",我们却很难有一个客观的印象。对物理学家来说,遇到"无限"并不是个好迹象,因为它一旦出现,就很可能说明建立的模型不准确或不完整,这时他们心中就会敲响警钟。数学家大卫·希尔伯特①也表示,"无限"是一个数学上的抽象概念,并没有物理意义。实际上,物理学家在他们的理论中也都在尽量远离"无限"这一概念,想方设法地避免"无限"在计算中出现。

　　20世纪初,经典物理学的理论预测,一个理想状态下的黑体②能够散发出的辐射所具有的能量是无限的(史称紫外灾难③)。"无限"这一概念在此处的出现使人们意识到,原有的一些理论必须进行修改,这也导致了量子物理学的发展。

---

① 大卫·希尔伯特(1862—1943):德国著名数学家,20世纪最伟大的数学家之一,被誉为"数学界的无冕之王"。1900年,他在第二届国际数学家大会上,提出了新世纪数学家应当努力解决的23个数学问题,对这些问题的研究有力推动了20世纪数学发展的进程。

② 黑体:对任何波长、任何方向的入射辐射均能全部吸收的理想物体。

③ 紫外灾难:19世纪末,科学家对黑体辐射(温度一定的黑体以电磁波形式向外界发射能量)总结出了若干定律,其中由经典统计力学导出的瑞利－金斯公式,在长波情况下与实验结果相符,但在短波紫外光区,却会得出能量密度随波长减小而趋于无穷大的荒谬结论。当时物理学家难以对这一难题做出合理解释,因此称其为紫外灾难。

量子电动力学①是目前我们拥有的最优秀的物理学理论之一，使用它能够极为准确地测量许多物理量。但是，这一理论发挥作用的前提是，其应用过程中产生的一些"无限"的量要经过"重正化②"处理。许多物理学家注意到了这一缺点，他们坚信，"无限"的出现说明该理论需要进一步改进。

　　一方面，许多科学家坚持认为物理世界与"无限"的概念不相容；另一方面，随着宇宙暴胀理论的发展，一些宇宙学家开始认真考虑存在无数个具有分形结构的宇宙的可能性。在他们的假设中，这些宇宙遵照各自的形态在不同的尺度上重现。如果这些宇宙学家的假设成立，那么所谓的"宇宙微调问题"（我们生活的宇宙中所有的物理常数都恰好在精妙的水准上达到了平衡，如此一来，人类的存在才成为可能）也会得到解决。不少科学家对多重宇宙论采取驳斥的态度，他们认为该理论既不能帮助我们计算出不同类型宇宙存在的概率，也不能启发我们对可能的实验结果做出任何预测，因此并不是一个可行的模型。美国天文学家、宇宙暴胀理论的创立者阿兰·古斯认为："如果只存在一个宇宙，双头奶牛出现的概率一定会比单头奶牛小，我们还可以计算出2个种群总

---

① 量子电动力学：量子场论中最成熟的一个分支，研究对象是电磁相互作用的量子性质（即光子的发射和吸收）、带电粒子的产生和湮没、带电粒子间的散射、带电粒子与光子间的散射等。

② 重正化：也称重整化，是量子场论、统计力学中用于解决计算过程中出现的无穷大发散的一种方法。

数之间的比例。而在拥有无限多个宇宙的多重宇宙中，将会有无数头单头奶牛和无数头双头奶牛，2个种群总数之间的比例就是无穷比无穷，它的值将是难以确定的。"这是一个测量问题，也是一个涉及"无限"的问题。由此看来，多重宇宙论并不具备一个好的理论应该具有的预测能力。

尽管多重宇宙是一个饱受争议的观点，但无论如何，我们都不应该因为存在争议就对它望而却步。我们已经习惯了在某些知识领域可能存在观点分歧，这是再自然不过的事了。在气候学中是如此，我们不妨想想"人为因素对全球变暖造成的影响"，显然在这一议题上学者们的观点是不同的；在经济学中也是如此，不同的经济学派在分析同一经济现象的起因和影响时，常常持不同观点；在医学中更是如此，比如当人们患了比较严重的疾病去就医时，不同医生采取的治疗方案可能不同。上述争议并不会让我们感到意外，因为我们提到的气候学、经济学和医学虽然是科学，但不是"精准科学"（或者说至少现在不是）。在某些领域，争议源起于理论的不完善、适用范围的局限，以及有漏洞的近似处理；而在另一些领域，争议的原因却来自复杂系统演变的不可预见性。即使在被称为"硬科学"的物理学和天文学等领域，冲突和分歧也是十分常见的，学者们在基本立场上的对立引发了长期的争论，由此促进了科学的发展。

有关星云本质和宇宙大小的"世纪大辩论"，相信大家已经有了比较深刻的印象，在那之后天文学界的一系列争论同样值得我们回顾：稳恒态宇宙模型[1]在与宇宙大爆炸模型的竞争中失利，而弗雷德·霍伊尔、杰弗里·伯比奇和贾扬特·纳利卡在 20 世纪 90 年代提出准稳态假说，试图拯救前者；艾伦·桑德奇、古斯塔夫·塔曼、西德尼·范登贝赫和杰拉德·德沃库勒之间有关哈勃常数[2]值的争执；霍尔顿·阿尔普致力于星系红移的非宇宙学解释，他不认为红移与距离和速度有关，而认为这是星系和星系团的固有属性；威廉·蒂夫特另辟蹊径，提出宇宙红移的离散化特征；等等。如今这些争论都已基本解决，它们早已属于过去，但是一些争论中的主要人物依旧坚持自己的观点，比如蒂夫特。当然，假如霍伊尔、伯比奇和阿尔普还活着，他们可能也会像他一样坚持。

这些争论是如何被解决的呢？答案是通过总结实验数据（包括在实验室里获取的数据和天文观测中获取的数据）来填补一些失效研究所造成的空白，造成失效研究的因素主要有高度不确定性、统计数据的波动和选择效应。哈勃在一些星云中发现了造父变星并系统地测量了它们的红移，进而测出了它们与我们之间的距离，确定了这些星云位于银河系之外，

---

① 稳恒态宇宙模型：1948 年由英国天文学家赫尔曼·邦迪、弗雷德·霍伊尔和托马斯·戈尔德共同提出的一种宇宙模型。该模型认为，尽管宇宙并非静止，但在空间上是均匀、各向同性的，且在时间上处于稳定状态，其要求宇宙在膨胀过程中物质密度不变，因此物质必须连续不断地从虚空中产生。

② 哈勃常数：河外星系退行的速度与距离的比值，代表了宇宙当前的膨胀速率。

使得沙普利的观点不攻自破。1964年宇宙微波背景辐射的发现，标志着稳恒态宇宙模型彻底退出历史舞台（此前该模型已经显露出严重危机，因为射电源计数情况与该模型的预言并不相符）。哈勃空间望远镜、威尔金森微波各向异性探测器[①]和普朗克卫星[②]的测绘数据促进了精确宇宙学的发展，解决了哈勃常数的不确定性。它们对星系和类星体进行的大量光谱测量，使得对重子物质分布进行精确的三维映射成为可能，也让科学界的绝大多数人意识到"红移"不单单是光谱学概念，也与宇宙学相关。数据、实验和观测是解决争论的基本工具，它们在证伪一个理论的同时，也会证明另一个理论，在此之后，我们便很容易明白哪一种想法才是正确的。但在此之前，在争论的过程中，往往正反两方都有其道理和漏洞，并且都能提出"可能的"情况假设。

物理学界也存在非常著名的争论，比如爱因斯坦和玻尔[③]关于量子力学的争论（是完整的理论还是存在隐变量），

---

① 威尔金森微波各向异性探测器：美国国家航空航天局的微波天文卫星，主要科学目标是探测宇宙微波背景辐射中的各向异性，它能够以百万分之一开尔文的精度测量宇宙微波背景辐射中微弱的温度起伏。

② 普朗克卫星：欧洲空间局的微波天文卫星，于2009年5月14日与赫歇尔空间天文台搭乘同一枚火箭升空。它的测温精度略低于威尔金森微波各向异性探测器，约为百万分之二开尔文，但其角分辨率大大胜于后者，因此可以更精密地测绘宇宙微波背景辐射在天空中的分布。

③ 玻尔（1885—1962）：丹麦物理学家，量子力学发展的主导人物，哥本哈根学派创始人，将量子理论用于原子结构研究的先驱，1922年获诺贝尔物理学奖。

以及霍金和莱昂纳德·萨斯坎德①之间有关信息进入黑洞后去向的争论（遗失还是得以保存）。

知识的道路有时是以有组织的方式向前延伸的，有时则是通过偶然的方式，通常也包括对不断出现的现象进行连续的替代解释。用合理的方法验证不同的解释，找出其中最为合理的一个，这是我们研究中的一项重要内容。

理论物理学家的想象力往往是无限的，仅仅一个有趣的新发现（即使尚未得到确认）就足以激发他们的推理和想象，产生许多种可能的解释，而这些解释往往会互相碰撞，引起激烈的讨论。比如，理论物理学家撰写了大量文章，试图解释为何中微子会在满足广义相对论的条件下运动速度超越光速，解释引力波②为何在宇宙微波背景辐射中留下奇特的痕迹，解释位于日内瓦的大型强子对撞机③收集的数据预示着人们继希格斯玻色子④之后可能又发现了一种新的玻色子——

————————

① 莱昂纳德·萨斯坎德（1940—）：美国理论物理学家，弦理论的创始人之一。他指出黑洞不会消灭信息，霍金后来也同意了他的看法。

② 引力波：广义相对论预言的引力场的波动形式，通过波的形式从辐射源向外传播，可以理解为时空的涟漪。引力波能向我们传递有关宇宙起源、演化与时空结构的宝贵信息。

③ 大型强子对撞机：迄今世界上规模最大、能量最高的粒子加速器，旨在通过超高能量的强子对撞，揭开物质结构深层次的奥秘。其主要的科学目标除了寻找希格斯玻色子，还有探寻超对称粒子、研究暗物质和反物质等。

④ 希格斯玻色子：希格斯玻色子常被称为"上帝粒子"，其自旋为零，不带电荷，极不稳定，生成后会立刻衰变。

这将使标准模型的超对称扩展出现困难。当数据被证明错误时（上述的 3 个案例都出现了类似情况，比如人们在 2016 年夏意识到第三个案例的数据存在一些漏洞），那么有关的分析自然也就不成立了，对此的思考过程也沦为了一种智力练习，这有时令人尴尬，但总的来说还是十分有趣的。如果观测数据能够被证实，那么之前引起争论的相应观点就会被巩固和完善，寻找新的实验或观察结果会让人明白哪条路是正确的。

归根结底，验证才是科学研究的关键。一项理论要想具备科学价值，它必须是可以被验证的，要么被证实、要么被证伪，这也是最基本的指导原则。在物理学界，有许多学者对弦理论和多重宇宙论提出质疑，也正是因为这两种理论很难被验证。但目前有一些理论物理学家偏离了这项原则，他们宣称，只要一项理论能够自圆其说，并且可以用来解释一些自然现象，那么它的存在就是有意义的，不一定需要实验验证。南非开普敦大学的乔治·埃利斯和约翰斯·霍普金斯大学的约瑟夫·西尔克坚决驳斥这样的观点，他们曾在《自然》（Nature）杂志上发表过一篇文章，对弦理论和多重宇宙模型提出了明确的反对。可是，弦理论虽然在今天无法被证实（当前的技术不允许），但并不代表在未来也不能被证实。然而，如果说到多重宇宙论，情况就不一样了，我们永远无法证实无数个所谓"平行宇宙"的存在。因此，埃利斯和西尔克认为多重宇宙论不应该被视为"科学"。争论愈演愈烈，

将来一定会有越来越多的物理学家、宇宙学家和科学哲学家
被卷进来。

第十一章

Part 11

未来的畅想

随着多重宇宙论的提出，人们自然而然地想知道，我们对世界真实尺度的探索是否已经走到了尽头？如果不放弃此前使我们走到这一步的方法，是否就不能更进一步？或许如此，不过，如果你认为探索世界带来的惊喜已经结束，那就太天真了。事实上，新发现仍在不断地冲击着我们，一次次地向我们证明，宇宙远比我们相信的和看到的要复杂和广袤。这不仅仅体现在探索宇宙边界的过程中，有时，研究我们已知的天体系统，同样会有令人惊喜的重大发现。最近有一种说法认为，除了我们已知的行星，太阳系中还存在一颗巨大的行星（其质量大约是地球的 10 倍），它的公转轨道距离太阳约 350 亿千米，比海王星要远得多，使用目前的技术还很难观测。但它仍旧处在太阳系内部，属于我们"家中庭院"的一部分。

我们暂时将这颗行星命名为"第九行星"，那么它从哪里来？为什么我们之前没有注意到它的存在呢？事实上，人们早就意识到对太阳系中较大天体的统计可能并不完整。在太阳系还拥有九大行星的时候（2006年随着冥王星的重新分类，太阳系变成了八大行星），人们就在不断地讨论"行星X"（X在罗马数字中代表10，同时也在数学中代表未知数），这一叫法来源于帕西瓦尔·洛厄尔①，当时他正在寻找第九大行星，也就是冥王星。

在20世纪80年代，有科学家猜测，太阳有一颗伴星，它可能是红矮星②或褐矮星，人们以古希腊神话中复仇女神涅墨西斯的名字为它命名。它在距离太阳约5万个天文单位的偏心轨道上绕行，每隔2 600万年就会向太阳系内部发射大量彗星，扰乱奥尔特云。这一猜测可以用来解释周期性出现的彗星大撞击，也与2.5亿年来发生在地球上的生物大灭绝事件具有统计上的相关性，彗星数量的增加可能对我们星球上的生命造成周期性的毁灭性影响。几年后，人们提出"行星X"或许是一颗巨大的气态行星，位于奥尔特云的某个区域，它的存在可能是长周期彗星轨道长期以来表现异常的主要原因。为了不与伴星涅墨西斯混淆，人们把这颗行星命名为堤喀（古希腊神话中的幸运女神，涅墨西斯的姐妹）。但是要证明一个天体的存在，必须以观测数据为基础，数据的匮

① 帕西瓦尔·洛厄尔（1855—1916）：美国天文学家，他建立了著名的洛厄尔天文台。

② 红矮星：表面温度较低、颜色偏红的一类矮星，质量为太阳的0.08～0.6倍，介于褐矮星和小质量恒星之间。

乏使得涅墨西斯和堤喀这两个天体仅停留在猜想的层面。

然而我们也已经注意到，柯伊伯带的一些天体有着奇特的轨道分布特征。某些柯伊伯带天体的轨道要素具有意想不到的相似性，特别是近日点越过海王星轨道和轨道半长轴大于 150 个天文单位的天体。2016 年，加州理工学院的两位天文学家康斯坦丁·巴特金和迈克·布朗深入分析了柯伊伯带天体的运动，发现有 6 个柯伊伯带天体（包括非常有名的赛德娜和 2012 VP113）虽然以不同速率运转，但其运行轨道却拥有相同的倾角，且朝向太阳的角度相近，而自然条件下碰巧出现这一情况的概率小于万分之一（0.007%）。由于引力决定天体的运动，我们必须在柯伊伯带天体与 1 个或多个太阳系外围未知天体之间的引力作用中寻到答案。在排除其他可能性后，这两位天文学家认为，造成这种现象的原因可能是一颗未知行星在默默施加引力影响。研究这 6 个柯伊伯带天体的运动，有可能推测出该天体的基本特性（质量、轨道特征等）。

从某些方面来看，这样的假设并不新奇。我们在研究天王星时，发现它在公转轨道上的运动会受到一些干扰，一些科学家认为，这是由天王星外侧天体的万有引力造成的，进而预言了海王星的存在，这一点此后成功地被观测结果证实。同样，海王星在公转轨道上的运动也会受到一些干扰，这无疑加速了冥王星的发现。也许历史将再次重演，我们将再一次证明牛顿力学的正确性。许多天文学家已经从之前的一些错误中吸取了教训，因此对尚未证实存在的天体始终采取谨慎和怀疑的态度。他们希望找到以观测为基础的确凿证据，即明确识别出目标，但是，想要清晰地观测到一个天体并不容易。假如"第九行星"真实存在，理论上我们可以用强大的望远镜观测到它，前提是我们知道要望向哪里，也就是必须要了解它在天空中的大致区域。因为我们知道，望远镜的视野范围是十分有限的：哈勃空间望远镜上配备的第三代广域相机一次只能捕捉几平方角分的画面，坐落于夏威夷岛莫纳克亚山上的昴星团望远镜每次捕捉的画面也不超过 1 平方度。那么，能否通过大规模的红外测绘来探测天体的位置呢？广域红外巡天探测者①是目前最先进的红外探测设备之一，但即使以它的探测距离和灵敏程度，也不足以确定或排除该行星的存在。

在运气没有那么好的情况下，我们必须等待智利安第斯山脉帕穹山上建造的大型光学测量望远镜投入使用。或许，它将有足够的能力继续扩大（或者丰富）我们对太阳系的认知，帮助我们谱写人类空间探索的新篇章。天文学的发展并不总是伴随着宇宙边界的拓宽，有时科学研究只是在可感知的范围内，细化我们对宇宙及天体的理解。就像我们之前所说，宇宙永远比我们想象的更大、更丰富。

---

① 广域红外巡天探测者：美国新一代红外天文卫星，于 2009 年 12 月 14 日发射。2011 年完成最初预定的红外波段全天巡天任务后，进入休眠状态；2013 年重启后，工作重点转为搜寻近地小天体。

迄今为止，用于天文学研究的数据中，超过 99.99% 都来自对电磁辐射的分析。在 20 世纪初，该数值甚至是 100%，并且只来自可见光波段[1]。在 20 世纪的科学发展进程中，天文学研究的所有"电磁窗口"都被打开了，这些电磁信号有的是从地面上捕获的，有的则采集自太空，宇宙线[2]和中微子作为传达宇宙奥秘的"信使"，也加入了研究对象的行列。21世纪的第二个十年，人们还发现了一个重要的信息携带者——引力波。

早在约 1 个世纪之前，爱因斯坦的相对论便预言了引力波的存在，许多科学家也坚信引力波的存在，但当它真正被发现时，还是引起了相当大的轰动。科学家相信引力波存在的理由主要有两点：一是广义相对论是当时最完美、最有力的理论，它的正确性已经在很多场合得到了证明；二是在对脉冲双星系统 PSR B1913 + 16 的观测中，发现其相互绕转的周期随时间的推移而缩短，这是引力波存在的间接证据[3]。

对新事物的了解一般要经过两个过程：首先是知道它的存在，然后是对它进行直接观测，并利用它来获取更多信息。

---

[1] 天文望远镜是收集天体辐射并形成它的像的仪器，而自伽利略发明第一架天文望远镜，一直到 20 世纪 30 年代建成第一架探测无线电波段信号的射电望远镜，天文望远镜在 300 多年里可以认为是光学望远镜的同义词。

[2] 宇宙线：亦称宇宙射线，来自宇宙空间的高能微观粒子构成的射流。

[3] 根据广义相对论，双星绕转会产生引力辐射，引力波带走系统的能量，因此双星系统的半径和轨道周期会变短。

因此，引力波为我们在宇宙中打开了一扇新的窗口，可以帮助我们了解更加广泛而有价值的信息。引力波所具有的频率是十分多样的，例如地面探测器（如激光干涉引力波天台①）可检测到的千赫兹、空间干涉仪（如演化激光干涉空间天线②）可探测的毫赫兹，甚至是更小的频率。第一次透过引力波这扇窗口传递给人类的便是一场独特的事件：一个 26 倍太阳质量的黑洞和一个 39 倍太阳质量的黑洞，在距离太阳 2.3 亿 ~ 5.7 亿秒差距（7.5 亿 ~ 19 亿光年）的地方合并，形成了一个 62 倍太阳质量的新黑洞，同时以引力波的形式释放出 3 倍太阳质量的能量。

引力波作为除电磁辐射、中微子、宇宙线之外观测宇宙的新媒介，开启了引力波天文学时代，相关理论也在不断完善。不仅如此，功能越来越强大的超级计算机使得通过适当模拟来探究各种各样的具体事件成为可能，我们已经可以建立广义相对论背景下完备的模拟信号库。例如，对于两个天体（不论它们是白矮星、中子星、黑洞，还是其中的任意组合）的合并过程，我们可以通过改变其质量、距离、轨道以及其他相关参数，来模拟不同情况下释放的引力波的不同特

---

① 激光干涉引力波天文台：借助于激光干涉仪聆听来自宇宙深处的引力波的大型研究仪器。

② 演化激光干涉空间天线：由美国国家航空航天局和欧洲空间局合作的项目，这将是人类第一座太空中的引力波天文台，计划于 2034 年升空运行。

性。先进激光干涉引力波天文台①的研究人员使用的就是这种方法，他们一旦记录到可靠数据，就会将它与模拟信号库中的数据做比对，从而推断发出引力波的天体的性质。我们可以通过引力波验证一系列预期的事件，但依然不排除会发现意想不到的特例，这些未知的特例也恰恰是我们每个人都在期待的。随着我们了解的现象越来越多，使用的仪器越来越先进，宇宙也将变得更为深邃、广袤。我们的未来永远充满未知和新意。

　　人类越过了海格力斯之柱，在此之后，从来没有停止过探索的脚步，但我们依然无从得知世界的边界，亦没有理由认为我们距离边界已经越来越近。在这场探索之旅中，每走一步，我们都会更加意识到人类不过置身于宇宙一隅，在广阔的空间中是这样的渺小而微不足道。即便如此，人类依然有着无可取代的独特性，而且因为我们在观察、倾听和发现周围事物上的局限性，这种独特性还会持续相当长的时间，直到我们找到令人信服的证据，证明人类在宇宙中并不孤单。在那之后，新的生命组成、新的演化方式、新的看待宇宙的观点定会涌入人们的生活，再次拓宽人们的视野。一场新的革命在等着我们。

---

① 先进激光干涉引力波天文台：经过升级的激光干涉仪引力波天文台。

致 谢

　　在每项工作完成后，总需要感谢一些人，这是一件很愉快的事情。让我们首先对那些仔细阅读初稿的家人和朋友表示感谢，他们的意见和建议引导着我们不断改进。还要感谢其他的朋友以及同事，他们耐心解答我们的疑问，为我们消除了许多困惑，反馈了宝贵的信息。最后，要感谢的是一位优秀的意大利科学记者，我们撰写这部作品的出发点原本只是简单的个人兴趣，是他给了我们作品极高的评价，说服我们将它出版，并使这部作品有可能在未来影响更多的人。感谢你们所有人，谢谢！